KB139667

Vue.js 프로젝트 투입 일주일 전

Vue.js 3.x 실무 개발을 위한 모든 것

고승원 지음

▶ 서문

이 책은 실제 Vue 기반으로 프로젝트를 진행하는 순서의 흐름에 따라 챕터가 구성되었습니다. 문법을 먼저 설명하는 대다수의 기술문서(서적)와는 다르게 실제 프로젝트가 진행될 때 개발하는 순서에 맞춰 여러분이 알아야 할 내용을 실무 기반으로 전달합니다.

대다수의 프로그래밍 언어를 이용해서 개발을 진행할 때를 떠올려봅시다. 프로젝트 팀에서 가장 먼저 하는 일은 프로젝트 파일을 생성하는 것입니다. 최상위 프로젝트 파일을 생성한 후 사용되는 프로그래밍 언어에 맞게 폴더 구조를 만들고, 개발을 진행하기 위한 각종 설정 파일을 생성하게 됩니다.

프로젝트 개발을 위한 기본 구조가 완성되면 프로젝트 팀원들에게 해당 프로젝트 파일을 공유하고 본격적으로 실제 기능을 하나하나 개발하게 됩니다. 이 책 역시 실무에서 프로젝트를 진행하는 순서대로 챕터를 구성해서, Vue를 처음 사용하는 개발자들도 실무 진행순서에 따라 Vue를 익힐 수 있도록 구성되었습니다.

결국 우리가 프로그래밍 언어를 배우는 이유는 실무에 바로 적용하기 위해서입니다. 이 책은 무엇보다 실무를 최우선으로 하여, 책을 끝까지 따라 해본 독자라면 바로 Vue.js를 이용한 실무에 투입되어, 개발자로 활동할 수 있는 것을 목표로 하였습니다.

이 책은 Vue.js 의 전체 기능이나 개념을 다루지 않습니다. 실무에서 가장 기본적으로 많이 사용되는 기능과 개발 순서에 집중합니다. 이미 다른 프로그래밍 언어에 대한 경험이 있는 경력자라면 이 책을 읽는 것만으로도 Vue에 대한 전반적인 이해를 할 수 있습니다.

신입 개발자라면 실제 프로젝트에서 개발이 어떻게 진행이 되는지 알게 되고, 프로젝트 내에서 신입으로서 해야 할 역할 수행 및 개발 리더의 가이드를 충분히 이해할 수 있는 수준으로 성장할 수 있습니다.

▶ 베타 리더 추천사

요즘 가장 핫한 프로그래밍 언어라고 하면 '자바스크립트'와 '파이썬'일 것입니다. Vue.js는 자바스크립트 프레임워크 중 하나입니다. Angular과 React를 사용하면서 느꼈던 부족함을 제거하고, 그들의 강력한 장점을 모았습니다. 무엇보다 쉽게 배울 수 있어 프로젝트에 빠르게 적용할 수 있습니다.

이 책 「Vue 프로젝트 투입 일주일 전」이란 책이 제목이 허무맹랑한 과언이 아님을 직접 확인하세요. 일반적인 자바스크립트에 대한 지식이 있다면 일주일만에 충분히 프로젝트에 적용할 수 있습니다.

이 책은 Vue에 대한 모든 내용을 알려주지 않습니다. 하지만 프로젝트에 필요한 것들은 빠짐없이 알려주고 있습니다. 실제 프로젝트를 개발하는 순서대로 vue를 설명하고 있기에 몰입도가 더욱 높습니다.

특히, 마지막 2개의 미니프로젝트는 결코 미니하지 않습니다. 앞부분에서 설명한 모든 것들이 실제로 어떻게 쓰이고, 적용되는지를 직접 확인할 수 있습니다.

- 김동우

백엔드 개발을 담당하고 있는 나에게 프론트 개발도 같이 해야 하는 업무가 들어왔습니다. 빠르게 Vue를 배우고 활용하기 위해 이번 베타리더를 신청했고, 운이 좋게도 이번 베타리더 기회를 잡을 수 있었습니다.

전체적으로 읽어보니, Vue 프레임워크의 특징을 빠르게 파악할 수 있었고, 실무적으로 도움받을 수 있는 부분도 많았습니다. 특히, 단순히 Vue를 통해 웹 페이지를 만드는 것뿐만 아니라, 목(Mock) 서버를 생성하고 데이터 바인딩 실습을 할 수 있는 챕터는 실무적으로 알아가는 부분이 많은 챕터였습니다. 단순히 Vue에 대한 설명만 있었다면 사실 레퍼런스들을 참고하면서 보는 것으로 충분하지만, 이렇게 실무적으로 알아갈 수 있는 챕터가 있어서 더욱 빠르게 업무에 도움이 됐습니다.

- 김령진

이 책은 Vue.js 프로젝트의 overall planning를 자세하게 설명하고 있습니다. 처음 프로젝트를 진행할 때 어떻게 시작할지 막막할 때 이 책으로 프로젝트 환경 세팅부터 개발까지 전체 적인 사이클을 배울 수 있습니다. vue.js 개발 방법론과 Mock 서버를 이용해서 API 개발 방법 등 실무에서 필요한 지식을 배울수 있습니다. 빠르게 Vue.js를 프로젝트에 적용하고 싶다면 이 책으로 정말 필요한 부분만 익혀서 Vue.js를 빠르게 도입하는 데 도움이 될 것이라 생각합니다.

- 이석곤 엔컴 프로젝트팀 차장

내용이 알차다는 인상이 많이 남습니다. vue.js 전문가는 아니지만 앱 개발 때문에 배우기 시작해서 책도 읽고 교육도 받았지만 항상 모자람이 있었습니다. 저자께서 개발에 대한 유명 유투버이시고 온라인 강의 노하우가 많으셔서 이를 바탕으로 기본-심화-응용으로 알차게 내용을 구성하셨고 그것을 300페이지에 모았다는 것이 대단하다고 생각합니다. Vue.js에 대한 좋은 책이 나와서 입문자 분들께 추천 드리고 많이 읽혀지기를 바랍니다.

- 이진

이 책은 Vue.js를 처음 접하는 개발자에게 핵심요소를 빠르게 익힐 수 있도록 도와줍니다. 특히 주요 이론과 함께 실습 코드도 제공해주기 때문에 짧은 시간 안에 빠르게 Vue.js를 배울 수 있습니다. 목차별로 매일 꾸준하게 학습한다면 Vue.js를 사용하는 개발 업무에 투입되었을 때 능숙하게 개발할 수 있도록 도움이 될 것입니다.

개인적으로 Vue.js를 깊이 있게 알지 못했지만 이 책을 통해서 한층 더 깊이 있게 이해하게 되었습니다. 무엇보다 읽기 쉽도록 쓰여 있어서 마치 온라인 강의로 학습하는 것처럼 느껴졌고, 어려움 없이 읽고 실습할 수 있었습니다. 미니프로젝트 실습을 따라 하다보면 앞에서 설명한 이론 내용을 다시 한 번 리마인드해 볼 수 있어서 특히 더욱 도움이 되었습니다.

- 최인주

▶ 저자 소개. 고승원

소프트웨어 기술을 통해 세상에 선한 영향을 주고 싶은 22년 차 소프트웨어 개발자입니다. 지식을 나누는 것을 좋아하고 새로운 기술을 익히는 것을 좋아합니다.

국내외 약 40개가 넘는 글로벌 기업 ERP 시스템을 구축하는 컨설턴트 및 개발자로 활동하였고, 지금은 주식회사 리턴밸류의 대표이사로 일하고 있습니다. 리턴밸류(ReturnValues)는 가치 이상의 가치를 사용자에게, 같이 일하는 동료에게, 이웃에게, 세상에 돌려주는 이념을 품고 있습니다.

개발자뿐만 아니라, UX 컨설턴트, 비즈니스 컨설턴트로 일하면서 애플리케이션과 서비스 개발 시 기획에서 개발까지 전 과정에 대한 수많은 경험을 쌓아왔습니다. 이제는 20년이 넘는 실무 경험을 바탕으로 후배들에게 정말 필요한 기술, 제대로 된 지식을 전달하자는 사명감으로 지식 나눔을 하고 있습니다.

- 주식회사 리턴밸류 대표이사
- 팬임팩트코리아 기술 전문위원
- 이메일 - seungwon.go@gmail.com
- 블로그 - https://seungwongo.medium.com
- 유튜브 - https://www.youtube.com/c/개발자의품격

저서 목록

- 『저는 아직 아이들에게 코딩을 가르치지 않습니다 (비제이퍼블릭)』
- 『Vue.js 프로젝트 투입 일주일 전 (비제이퍼블릭)』
- 『디자인 씽킹을 넘어 프로그래밍 씽킹으로 (비제이퍼블릭)』
- 『The Essentials of Smart Contract Development for Solidity Developers (아마존)』

▶ 이 책의 대상 독자

이 책은 Vue.js를 처음 접하는 독자를 대상으로 집필했습니다. 프로그래밍 언어를 한 번도 경험하지 못한 독자는 이 책을 읽기 전에 HTML, 자바스크립트에 대한 기초를 쌓은 후에 읽어야 이해할 수 있습니다.

이 책은 실제 Vue 프로젝트를 진행할 때 개발하는 순서에 최대한 맞춰서 집필했습니다. 다른 프로그래밍 언어를 기반으로 프로젝트를 진행해 본 경험이 있는 독자라면 훨씬 빨리 Vue.js를 이해할 수 있도록 목차를 구성했습니다.

이 책은 Vue.js로 프로젝트를 진행할 때 반드시 알아야 하는 모든 개념을 다루고 있기 때문에 별도로 다른 책이나 기술 블로그를 찾아보지 않아도 Vue.js를 이해하고 실무에서 쉽게 사용할 수 있게 될 것입니다.

▶ 예제 소스 코드

이 책에서 사용된 모든 코드는 깃허브에서 다운받아 사용할 수 있습니다.

- https://github.com/seungwongo/vue-project
- https://github.com/seungwongo/mini-project-shop

▶ 이 책의 구성

실무 Vue 프로젝트 순서	이 책의 주요 목차 순서
개발환경 구성	개발 IDE 설치 : Visual Studio 설치
	Node.js 설치
	NPM 설치
	Visual Studio 유용한 플러그인 설치
프로젝트 생성	Vue CLI 설치
	Vue 프로젝트 만들기
화면 레이아웃 구현	화면 레이아웃 구현
메뉴 구성	라우터 이해하기
	Vue-Router 설정
	Lazy Load 이해하기
클라이언트 프로그램 개발	컴포넌트란
	컴포넌트 구조 이해하기
	데이터 바인딩
	컴포넌트 만들기
	컴포넌트 심화학습
서버 프로그램 개발	Mock 서버 준비하기
	API 등록하기
공통 함수 개발	믹스인(mixin)
	Composition API
	Plugins

▶ 감사의 말

책을 집필하는 과정을 통해 그동안 제가 알고 있는 지식이 맞는지와 오랜 습관적인 경험을 통해 무심코 사용했던 기술들, 그리고 놓치지 말아야 할 새로운 기술들에 대해서 다시 한 번 점검하고 이해할 수 있는 시간을 가질 수 있었습니다.

저 또한 이 책을 집필하면서 지식 나눔을 실천하고 있는 전 세계 개발자들이 남긴 수많은 기술 문서를 통해 도움을 받을 수 있었습니다. 전 세계에서 지식 나눔을 실천하고 있는 모든 개발자에게 '감사하다'라는 말을 전하고 싶습니다.

'지식'은 흘러야 '지식'이 된다고 생각합니다. 부족하지만 저에게 '지식'의 나눔을 실천할 수 있도록 기회를 준 비제이퍼블릭 관계자 분께 감사의 말씀을 드립니다.

마지막으로 항상 제 옆에서 든든한 동반자가 되어 준 사랑하는 가족(하영, 은혁, 은서, 은솔)에게 감사의 인사를 전합니다.

▶ 이 책의 목차

Vue.js
프로젝트 투입 일주일 전

CHAPTER 1

Vue.js는 무엇인가?

chapter 1

Vue.js는 무엇인가?

Vue.js가 무엇이며, React.js, Angular.js와 같은 다른 프론트엔드 프레임워크를 비교해서 어떤 특징이 있는지 알아봅니다.

Vue.js는 사용자 인터페이스 개발을 위한 Progressive Framework입니다. 여기서 프로그레시브라는 것은 웹과 네이티브 앱의 이점을 모두 수용하고 표준 패턴을 사용해 개발한 것을 뜻합니다.

예를 들어 웹의 경우는 별도의 설치 없이 브라우저만 있으면 접속이 가능하기 때문에 접근성이 매우 뛰어납니다. 네이티브 앱의 경우는 일반적인 웹보다 빠르고 더 뛰어난 사용자 경험을 제공합니다. 결국 Vue.js가 목표로 하는 것은 웹의 장점과 앱의 장점을 모두 수용할 수 있는 진화된 웹앱 애플리케이션을 만들 수 있는 프레임워크를 제공하는 데 있습니다. Vue.js는 SPA(Single Page Application) 개발을 위한 프론트엔드 프레임워크입니다. 여기서 SPA는 단일 페이지 애플리케이션을 말합니다. SPA가 무엇인지 이해하기 위해서는 기존의 웹의 동작 방식을 먼저 이해해야 합니다.

SPA 방식으로 개발하지 않은 웹사이트에 접속했다고 가정하겠습니다. 도메인 주소를 입력하고 특정 웹사이트에 들어와서 해당 사이트에서 제공하는 특정 메뉴를 클릭하면 보고 있는 페이지가 선택된 메뉴 페이지로 이동이 될 것입니다. 이때 브라우저 URL은 처음 접속한 도메인 주소에서 변화할 것입니다.

물론 SPA로 개발된 웹사이트도 여기까지는 동일합니다. 중요한 것은 페이지가 열리는 방식에서 차이가 납니다. 일반적인 웹사이트의 경우는 페이지를 매번 이동할 때마다 페이지 전체를 다시 로딩하게 됩니다. 이때 해당 페이지에서 이용하는 다양한 자바스크립트 파일, CSS 파일, 이미지 파일 등 전체를 서버에서 가져와서 로딩을 하게 됩니다.

아마 이렇게 로딩되는 파일 중 일부는 이미 해당 페이지로 이동되기 전에 머물렀던 페이지에서 사용했던 동일한(중복된) 자바스크립트, CSS, 이미지 파일일 수 있습니다. 일반적인 웹사이트의 경우 페이지 이동으로 새로 열리는 페이지에 필요한 웹 자원(자바스크립트, CSS, 이미지 등)을 항상 다시 서버로부터 받아와서 로딩을 하게 됩니다.

SPA의 경우는 말 그대로 단일 페이지 애플리케이션입니다. 이름에서 알 수 있듯이 단일 페이지, 즉, 페이지 하나에서 동작하는 애플리케이션입니다. SPA는 제일 처음 웹사이트에 접속했을 때, 웹사이트 전체에 필요한 모든 웹 자원(자바스크립트, CSS, 이미지 등)을 서버로부터 가져와서 로딩을 하게 됩니다.

페이지를 이동하면 웹 페이지 전체가 바뀌는 것이 아니라, 처음 접속했을 때 로딩된 페이지 중에서 변경이 필요한 부분만 바뀌게 됩니다. 그렇기 때문에 페이지 전환 속도가 굉장히 빠르고, 이미 로딩된 자원을 다시 서버로부터 받아 올 필요가 없기 때문에 웹 자원을 굉장히 효율적으로 관리할 수 있습니다.

SPA는 이런 장점 때문에 최근 웹 애플리케이션에서 매우 많이 사용되고 있는 방식입니다. 하지만 SPA도 단점이 존재합니다. 사용자가 웹사이트에 처음 접속하면 사이트 이용에 당장 필요하지 않은 모든 웹 자원까지도 로딩하기 때문에 화면 로딩 속도가 느리고 많은 웹 자원을 가져와야 하는 단점이 있습니다. 만약에 첫 페이지만 보고 해당 웹 사이트를 더 이상 머물지 않고 빠져나가는 사용자라면, 내가 방문하지 않을 웹 페이지에서 사용하는 웹 자원까지 모두 로딩 되어, 속도 저하를 느낄 수 있습니다.

제공하는 웹 사이트의 성격이 어떠하냐에 따라 웹 사이트를 개발하는 방식도 달라져야 합니다. 최근 웹 애플리케이션을 개발할 때 프론트엔드 개발에 사용되는 가장 인기 있는 프레임워크에는 Vue 외에도 React, Angular가 있습니다.

웹프론트엔드를 처음 접하는 모든 개발자들이 이 3가지 프레임워크 중에 무엇을 먼저 배우고, 무엇을 적용할지 고민합니다. 필자는 개발 경력이 오래되다 보니, 너무나 자연스럽게 이 3가지 프레임워크를 별 고민 없이 사용할 수 있었습니다. Angular가 제일 먼저 나왔고, 그 다음으로 React, Vue 순으로 나왔기 때문에, 나온 순서대로 자연스럽게 익히고 실무 프로젝트에 적용하게 되었습니다.

하지만 이제야 막 웹프론트엔드를 시작하는 개발자라면 정말 고민이 될 수밖에 없을 것 같습니다. 지금 이 책을 읽고 있는 독자라면 이 3가지 중에 Vue를 제일 먼저 선택했거나, 이미 다른 프레임워크인 React, Angular에 대한 경험을 가지고 있어서 그 다음은 프레임워크로 Vue를 익히기 위해서일 것입니다.

만약에 아직 이 3가지 중 하나도 경험한 적이 없다면 지금 이 글을 읽고 있는 것은 정말 탁월한 선택이라고 말씀드리고 싶습니다. 왜냐하면 가장 빠르고, 직관적으로 새로운 프레임워크를 여러분의 것으로 만들 수 있을 거라 확신하기 때문입니다.

1.1 Vue.js 장점

Vue의 장점을 다음과 같이 3가지로 정리했습니다.

- 직관적이고 배우기 쉽다.
- 재사용을 통한 애플리케이션을 개발 기간 단축 및 양질의 코드를 생산할 수 있다.
- Angular의 장점(데이터 바인딩)과 React의 장점(가상 돔)을 모두 가지고 있다.

» 직관적이고 배우기 쉽다

필자는 전 세계 개발자들에게 가장 인기 있고 많이 사용되는 웹프론트엔드 프레임워크인 React.js, Angular.js, Vue.js를 모두 사용해 봤습니다. 여기서 사용해 봤다는 건, 단지 학습 차원에서 공부하는 프로토타이핑 수준의 미니 프로젝트 경험이 아니라, 실제 사용되는 애플리케이션을 개발하는 프로젝트를 진행한 경험을 말합니다.

Vue.js의 가장 큰 장점은 배우기 쉽다는 점입니다. 특히 다른 언어로 개발해 본 경험이 있는 개발자라면 정말 단기간 안에 Vue.js를 익히고 실무에 바로 적용할 수 있을 정도로 매우 직관적이고 배우기가 쉽습니다.

만약 웹 애플리케이션을 개발하여 고객사에 납품해야 하는 상황이고 React, Angular, Vue 이렇게 3가지 프레임워크 중 하나를 선택해서 개발해야 하는 상황이라면 필자는 Vue를 사용하라고 과감히 추천합니다. 특히나 고객사의 운영팀이 아직 이 3가지 프레임워크에 대한 경험이 없다면 더더욱 Vue를 추천합니다. 이건 필자가 실무에서 무수히 겪은 경험을 토대로 말하는 것입니다.

고객사의 운영팀은 일단 새로운 기술이 적용되는 것에 대해서 두려움이 있습니다. 왜냐하면 운영팀 입장에서는 기존에는 한 번도 다뤄보지 않은 새로운 기술을 빠르게 익혀야 하고, 그 기술로 구현된 애플리케이션을 실제 운영해야 하는 상황이기 때문입니다.

하지만 운영팀 엔지니어들은 이미 오랜 시간 시스템을 운영하면서 알게 된 많은 노하우를 가지고 있고, 최소한 하나 이상의 프로그래밍 언어에 익숙한 사람일 가능성이 매우 높습니다. 이때 React, Angular, Vue와 같은 프론트엔드 프레임워크에 대한 경험이 전혀 없다면 기존 기술 지식을 가지고 가장 빨리 익힐 수 있는 것이 Vue.js라는 것에 필자는 확신했고, 실제 실무에서 그렇다는 것에 대한 많은 사례를 경험했습니다.

» 재사용을 통한 애플리케이션 개발 단축 및 양질의 코드를 생산할 수 있다

Vue는 재사용성을 극대화하고 애플리케이션 전체에 걸쳐 양질의 코드를 생산할 수 있도록 해줍니다. 결국 애플리케이션 개발 속도를 높일 수 있습니다.

흔히 사용하는 단어 중에 템플릿이란 단어가 있습니다. 보통 템플릿이라고 하면 무언가 정형화되어 작성된, 유사한 것을 만들 때 적용하여 빠르게 원하는 대로 만들 수 있도록 해주는, 이미 구조화가 된 것을 말합니다.

템플릿은 문서일 수도 있고, 특정 디자인일 수도 있습니다. 프로그램에서도 템플릿은 비슷한 개념이라고 생각하면 됩니다. 특정 기능을 가지고 있는 프로그램 코드 세트이며, 개발자는 템플릿을 사용해서 이미 템플릿이 가지고 있는 기능을 활용하여 유사한 프로그램을 빠르고 안정적으로 개발할 수 있습니다.

Vue에서는 컴포넌트(Component)가 이에 해당합니다. Vue에서는 컴포넌트를 통해 재사용성을 극대화할 수 있습니다. 컴포넌트가 무엇인지는 해당 챕터에서 자세히 설명드릴 것이니까 코드의 재사용을 높이고 양질의 코드를 개발할 수 있다고 이해하시면 좋을 것 같습니다.

» Angular의 장점(데이터 바인딩)과 React의 장점(가상 돔)을 모두 가지고 있다

Angular가 처음 나왔을 때, 가장 크게 충격받은 기능 중 하나는 단연코 데이터 바인딩 부분입니다. 기존의 웹 개발 방식에서 자바스크립트의 대부분의 역할은 웹 화면에서 사용자의 인터랙션을 통해 발생하는 데이터와 이벤트를 화면에 설정하거나 반대로 발생하는 데이터/이벤트를 가져오는 부분에 대한 코딩이었습니다.

사실 너무나 당연한 코드이기도 하지만, 대다수의 웹 개발자들은 이런 자바스크립트 코딩을 어려워했고, 실제로 많은 코드를 작성해야 이런 부분을 처리할 수 있었습니다. Angular가 나오고 데이터 바인딩, 정확히는 Two-Way 데이터 바인딩을 제공함으로써 어찌 보면 웹 개발의 혁명이 일어났다고 생각할 수 있습니다.

이후에 나올 챕터에서 데이터 바인딩에 대해서 자세히 설명하겠지만, 여기서 데이터 바인딩을 간략하게 설명하자면 데이터와 웹 화면의 요소(HTML DOM)가 서로 양방향으로 연결되어 있어서, 어느 한쪽에 변경이 일어나면 연결되어 있는 다른 쪽에 자동으로 반영되는 것을 의미합니다.

데이터 바인딩을 적용함으로써, 기존 웹 개발에서 어느 한쪽에 변경이 일어났을 때 다른 한쪽에 해당 결과를 반영하기 위해서 구현했던 수많은 코드를 작성할 필요가 없어졌고, 개발자의 실수 혹은 구현 능력 부족으로 인한 오류를 걱정할 필요가 없어진 것입니다.

지금 이 내용이 이해되지 않더라도 걱정하지 않으셔도 됩니다. 우리는 이 책을 통해서 모든 내용을 아주 자연스럽게 익히고, 이해할 수 있기 때문입니다.

Angular는 처음 등장과 동시에 웹 개발 방식에 혁명을 가져왔고, 많은 웹 애플리케이션 개발에 사용됩니다. 그런데 이렇게 완벽해 보이는 Angular도 웹 애플리케이션이 복잡해짐에 따라 치명적인 단점이 발견되었습니다. 그건 바로 속도(성능) 문제였습니다.

Angular의 등장으로 웹에서도 데스크톱 애플리케이션 수준의 프로그램을 개발할 수 있다는 가능성이 열리게 되었고, 웹 애플리케이션은 기존에 데스크톱 애플리케이션이 처리하던 많은 기능을 담기 시작합니다. 그러면서 웹 화면은 점점 더 복잡도가 증가하게 되었고, 웹 즉, HTML DOM(Document Object Model)의 특성상 복잡도가 증가할수록 점점 무거워지고 느려지게 되었습니다.

HTML DOM은 트리구조로 되어 있어서 웹 화면에 요소가 많아지고 복잡도가 증가할수록 끊임없이 연결된 트리구조를 갖게 되고, 웹 화면에 변경이 일어날 때 마다 이러한 트리구조의 갱신이 일어나야 하고 이 작업은 매우 큰 성능 저하를 가져오게 되는 것입니다.

예를 들어 보고 있는 웹 화면에 광고 배너가 있습니다. 배너를 클릭하여, 광고 팝업이 나타났다고 가정하겠습니다. 이때 웹은 내부적으로 DOM의 트리구조를 갱신하게 됩니다. 이렇게 웹에 작은 변화가 있을 때마다 DOM 트리구조를 모두 갱신하는 비효율성으로 인해 웹의 복잡도가 큰 화면이라면 이러한 작업은 치명적인 성능 저하를 가져오게 되는 것입니다.

이러한 단점을 극복하고 빠르고 고성능을 가진 웹 애플리케이션을 위해 나온 것이 React입니다. React는 이러한 DOM의 문제를 개선하기 위해서 Virtual DOM(가상돔) 개념을 제공하게 됩니다. Virtual DOM은 실제 DOM 문서를 추상화하여, 변화가 많은 화면(View)을 DOM에서 직접 처리하는 방식이 아닌, 가상의 DOM을 만들어서 메모리에서 처리한 다음 실제 DOM과 동기화함으로써 기존 DOM이 가지고 있던 단점을 개선하고 웹에서도 고성능 애플리케이션을 구현할 수 있도록 하였습니다.

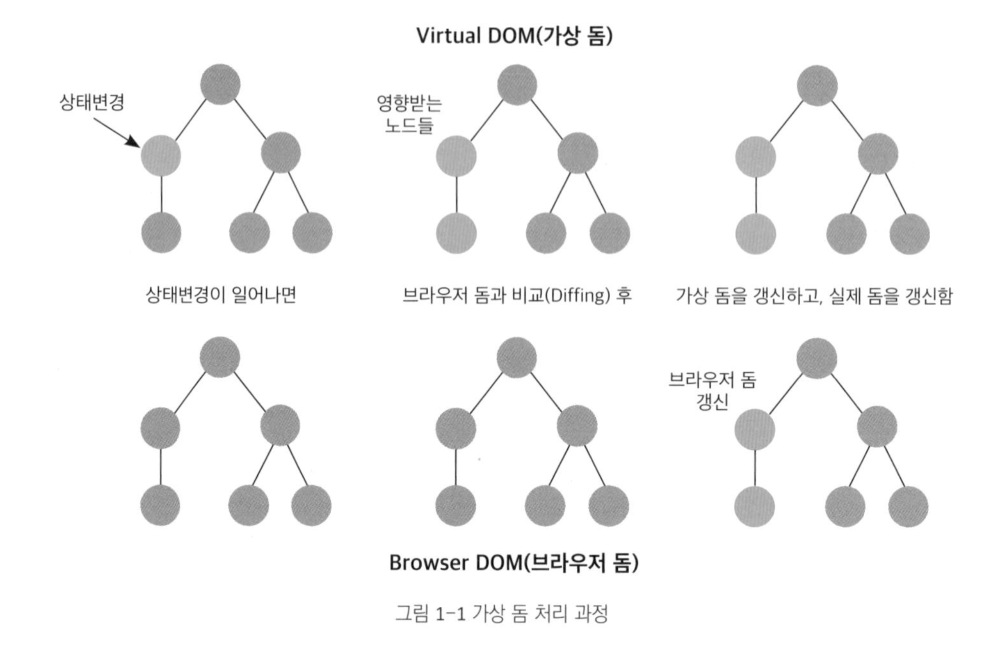

그림 1-1 가상 돔 처리 과정

Vue는 Angular가 가지고 있는 데이터 바인딩의 장점과 React가 가지고 있는 Virtual DOM의 장점을 모두 수용해서 개발이 완료된 프레임워크입니다.

1.2 Vue.js 특징

- MVVM 패턴 사용
- 컴포넌트(Component)를 사용한 높은 재사용성

» 1.2.1 MVVM 패턴

MVVM은 Model-View-ViewModel의 약자입니다. 프로그래밍 로직과 화면에 해당하는 View(UI)를 분리해서 개발하기 위해 설계된 패턴입니다. 일반적으로 웹은 HTML DOM이 View, 자바스크립트가 Model의 역할을 하게 됩니다. MVVM 패턴은 View와 Model 중간에 ViewModel을 둠으로써 데이터 바인딩 처리 및 가상 DOM을 통한 성능 및 개발의 편의성을 제공하기 위해 만들어졌습니다.

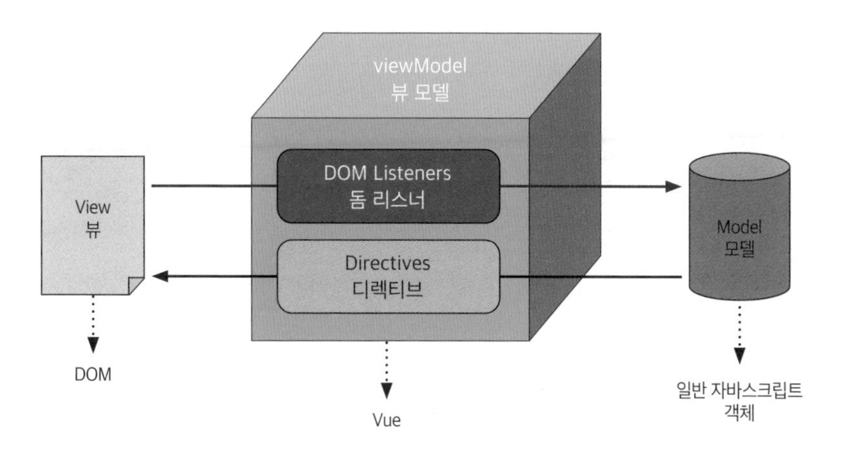

그림 1-2 MVVM 패턴

» 1.2.2 컴포넌트(Component)

우리가 보고 있는 웹 화면은 하나하나가 수많은 웹 요소로 구성되어 있습니다. 예를 들어 버튼, 링크, input, 이미지 등과 같은 작은 단위의 요소부터 이러한 작은 요소가 결합되어 만들어진 특정 기능을 구성하는 UI 단위(내비게이션, 팝업, 제품 섬네일 등)이 있습니다.

이렇게 작은 단위부터 특정 기능을 처리하는 좀 더 큰 단위까지 화면(View)를 이루고 있는 작은 단위의 여러 개의 View 중에는 다른 화면에서도 사용되는 View가 있습니다. 이런 단위의 View를 재사용할 수 있는 구조로 개발하는 것을 컴포넌트(Component)라고 부릅니다.

Vue로 개발된 파일(.vue) 하나하나가 모두 컴포넌트입니다. 컴포넌트는 한 화면을 이루는 작은 요소일 수도 있고, 한 화면 전체일 수도 있습니다. Vue에서 하나의 컴포넌트는 HTML+CSS+Javascript로 이루어져 있고, 다른 컴포넌트에서 import해서 바로 사용할 수 있습니다.

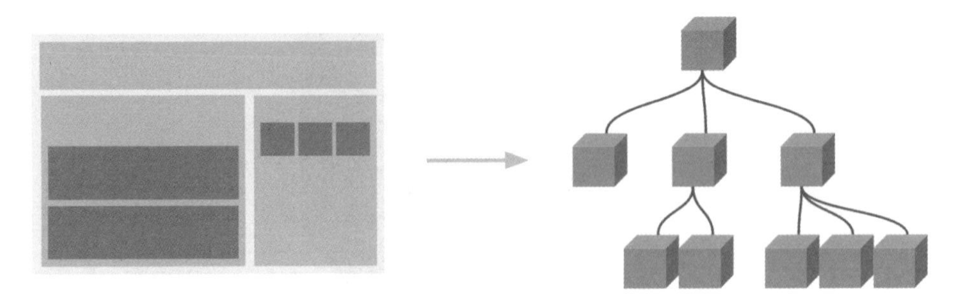

그림 1-3 컴포넌트

지금까지 Vue에 대해서 알아보는 시간을 가졌습니다. 사실 이 부분 전체를 이 책에서 제외시킬까도 생각했지만, 필자 입장에서 꼭 전해주고 싶은 메시지들이 있어서 포함시키게 되었습니다.

지금부터는 여러분 손이 바빠질 시간입니다. 이제부터 본격적으로 개발을 시작할 것이기 때문입니다. 개발을 시작하려면 먼저 개발환경을 구성해야 합니다. Vue.js도 개발을 위해서는 기본적인 개발환경을 구성해야 하는데, 다른 프로그래밍 언어에 비해서 매우 쉬운 편입니다.

Vue.js 프로젝트 투입 일주일 전

CHAPTER 2 ▼

개발환경 구성 (vs code, node, npm)

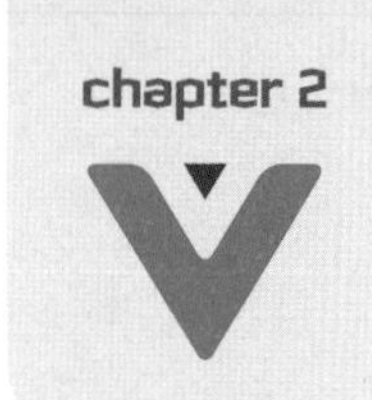

chapter 2

개발환경 구성 (vs code, node, npm)

Vue 프로젝트 개발을 위한 개발환경 구성에 대해서 알아봅니다. 이번 챕터에서는 Vue 프로그래밍 코드 작성을 위한 IDE 툴인 Visual Studio Code와 프로젝트를 실행을 위한 Node.js, 그리고 개발 시 유용한 Visual Studio Code의 확장 프로그램을 설치합니다.

Vue.js 개발을 위한 개발환경을 구성하겠습니다. 제일 먼저 해야 할 일은 코딩을 할 수 있는 개발도구를 설치하는 것입니다. 우리는 이러한 개발도구를 IDE라고 합니다. 대표적인 개발도구로는 마이크로소프트의 Visual Studio Code가 있습니다.

Visual Studio Code에는 개발 편의성을 위한 다양한 플러그인이 존재합니다. 플러그인 설치를 통해 개발 생산성을 극대화할 수 있습니다. 이런 플러그인들은 Visual Studio Code를 사용하고 있는 전 세계 개발자들에 의해 지속적으로 업데이트 되고, 추가되고 있을 만큼 생태계가 잘 구성되어 있습니다.

이 책에서 제공되는 모든 코드는 Visual Studio Code에서 작성되었습니다. 앞으로 Visual Studio Code를 편의상 vs code로 축약해서 사용하겠습니다.

2.1 Visual Studio Code 설치

먼저 vs code를 공식 사이트(https://code.visualstudio.com)에 접속해서 설치 파일을 다운로드합니다. 윈도우를 사용하고 있다면 윈도우 버전이 보이고, 맥을 사용하고 있다면 맥 버전이 보이게 됩니다. 자신의 OS에 맞는 vs code 설치 파일을 다운로드 받으세요.

책에서는 윈도우를 기준으로 설치 과정을 설명하겠습니다. 맥 OS의 경우는 별도의 설치 과정이 필요 없는 실행파일이 다운로드됩니다.

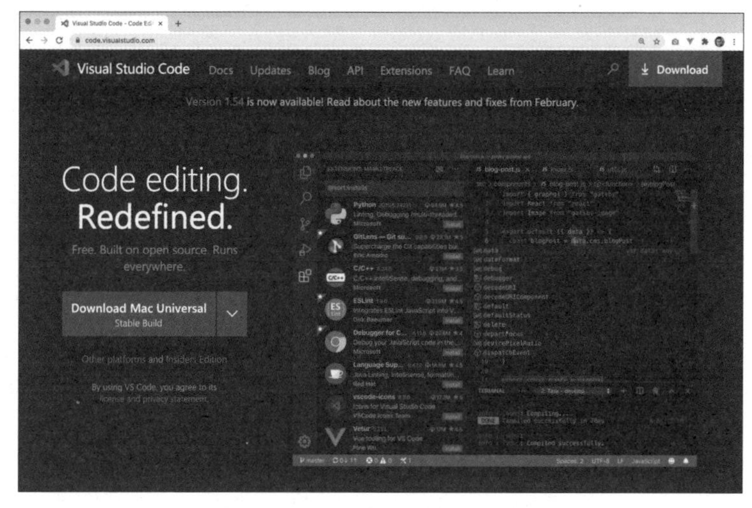

그림 2-1 Visual Studio Code 다운로드 사이트

01 사용권 계약 내용을 확인하고 '동의합니다'를 선택한 후 '다음' 버튼을 클릭해서 다음 단계로 넘어갑니다.

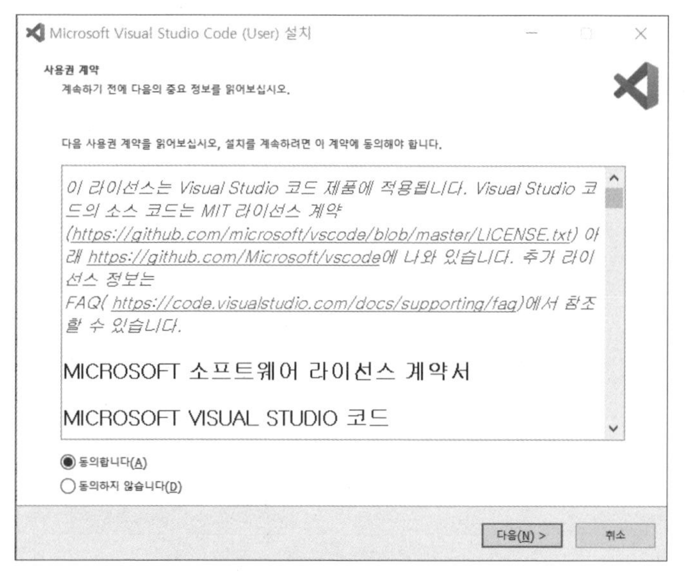

그림 2-2 Visual Studio 설치(사용권 계약)

02 선택된 기본 옵션 그대로 '다음' 버튼을 클릭해서 다음 단계로 넘어갑니다.

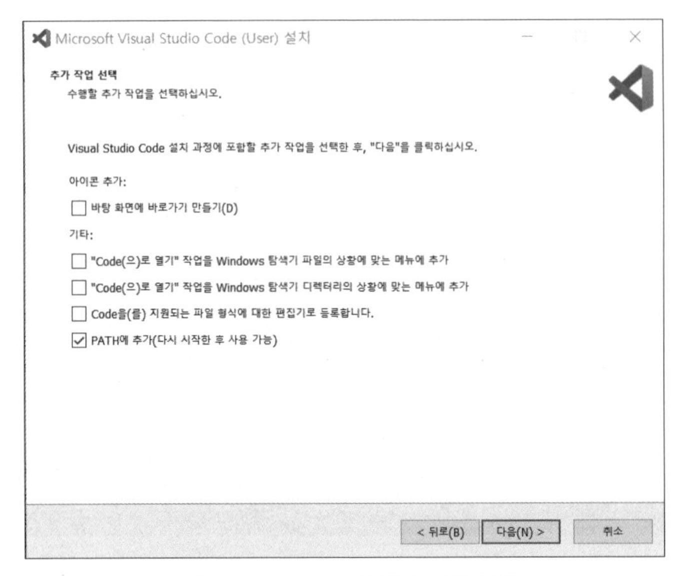

그림 2-3 Visual Studio 설치(추가 작업 선택)

03 '설치' 버튼을 클릭해서 설치를 시작합니다.

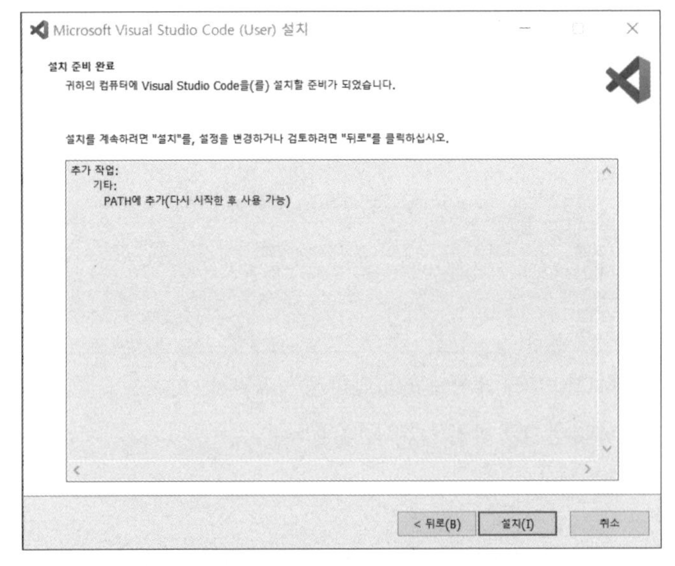

그림 2-4 Visual Studio 설치(설치 준비 완료)

04 설치가 완료되면 '종료' 버튼을 클릭해서 Visual Studio Code를 실행합니다.

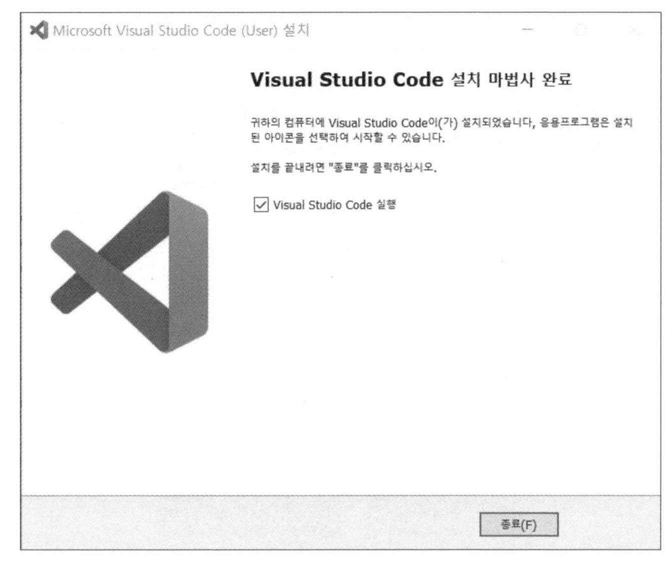

그림 2-5 Visual Studio 설치(설치 완료)

2.2 Node.js 설치

Node.js는 확장성 있는 네트워크 애플리케이션(서버 프로그램) 개발을 자바스크립트로 가능하도록 하는 자바스크립트 런타임 환경입니다. 원래 자바스크립트는 클라이언트(브라우저)에서 동작하는 언어입니다. Node.js는 크롬(Chrome)의 V8 엔진을 이용하여 브라우저에서 자바스크립트가 동작하듯이 서버에서 자바스크립트를 동작할 수 있도록 해주는 환경인 것입니다.

Vue 개발과 Node.js가 연관성이 없다고 생각하실 수 있지만, 우리가 Vue로 클라이언트 프로그램을 개발하기 위해서는 수많은 라이브러리(패키지)가 필요합니다. 이를 빠르게 설치하고 적용하기 위해서는 Node.js가 설치되어야 합니다.

설치 과정에 대한 화면은 맥 OS를 기준으로 작성되었습니다.

01 Node.js의 공식 사이트(https://nodejs.org)에 접속해서 Node.js을 다운로드합니다. 자신의 OS에 맞춰 다운로드하고 설치 파일을 실행합니다.(책에서는 맥OS 버전을 사용합니다.)

그림 2-6 Node.js 다운로드 사이트

02 '계속' 버튼을 클릭해서 다음 단계로 넘어갑니다.

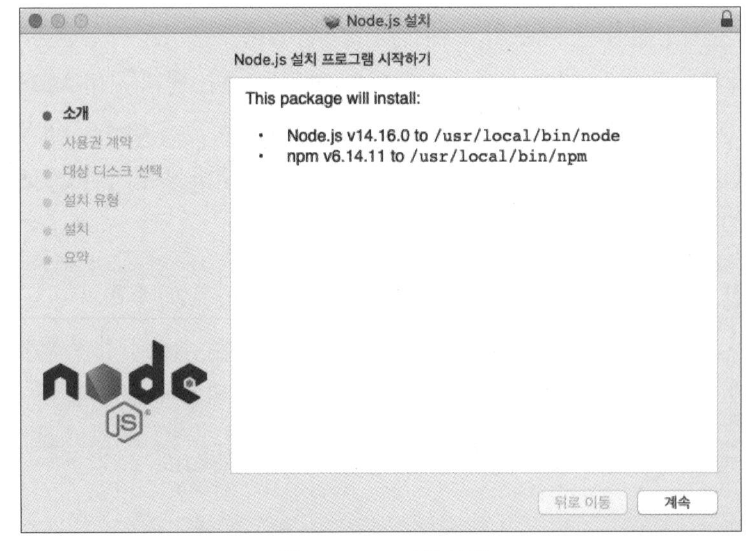

그림 2-7 Node.js 설치(소개)

03 소프트웨어 사용권 계약을 확인하고 '계속' 버튼을 클릭해서 다음 단계로 이동합니다.

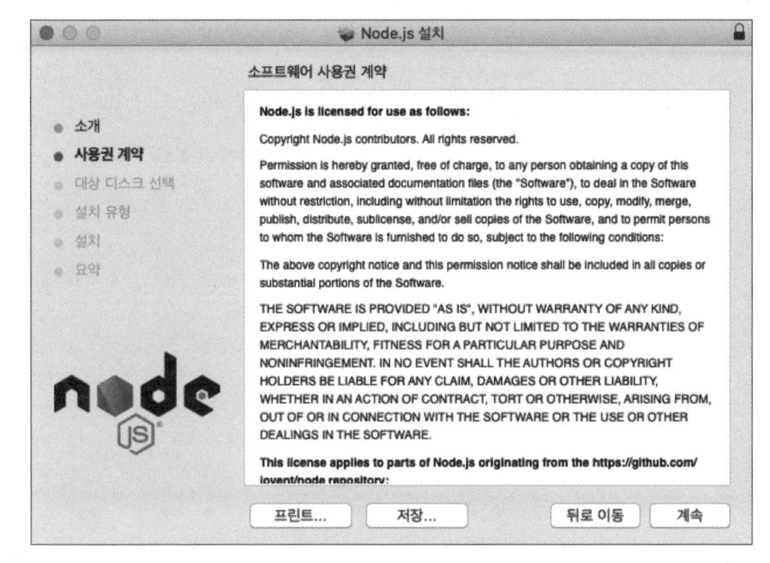

그림 2-8 Node.js 설치(사용권 계약)

04 설치할 폴더를 선택하고 '계속' 버튼을 클릭해서 다음 단계로 이동합니다.

그림 2-9 Node.js 설치(대상 디스크 선택)

05 표준 설치 방법으로 '계속' 버튼을 클릭해서 다음 단계로 이동합니다.

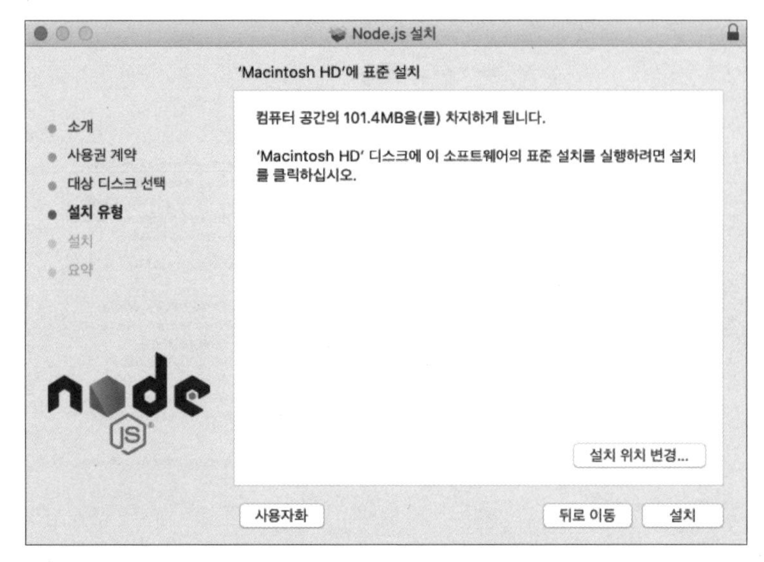

그림 2-10 Node.js 설치(설치 유형)

06 설치가 완료되고 요약 정보를 확인할 수 있습니다.

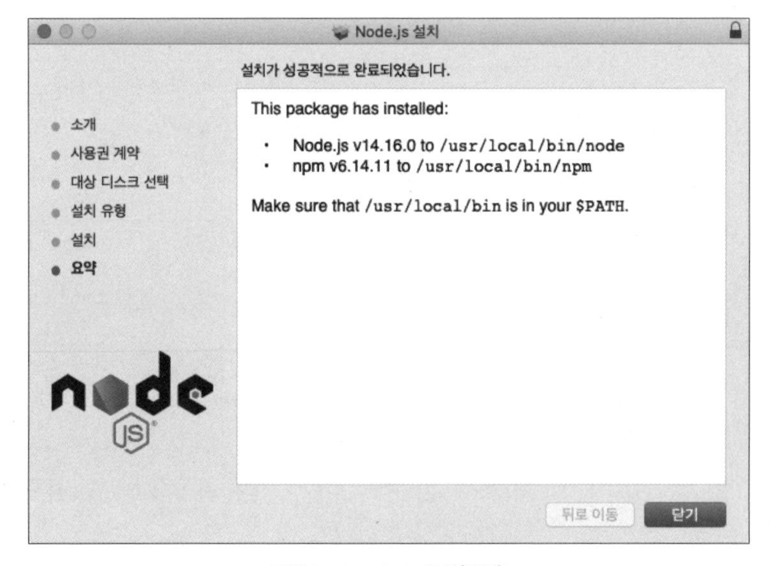

그림 2-11 Node.js 설치(요약)

07 Node.js 설치가 완료되면 앞서 설치한 vs code를 실행합니다. 터미널 창을 열기 위해서 메뉴에서 [View] → [Terminal]을 선택합니다.

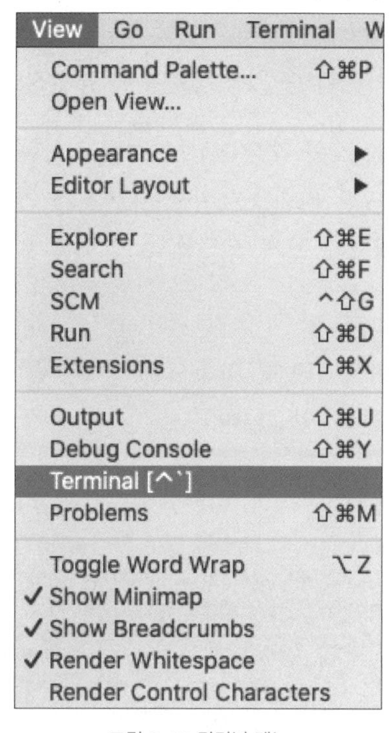

그림 2-12 터미널 메뉴

터미널에서 Node.js 버전을 확인하기 위해서 node -v 명령어를 입력하면 설치되어 있는 Node.js 버전을 확인할 수 있습니다.

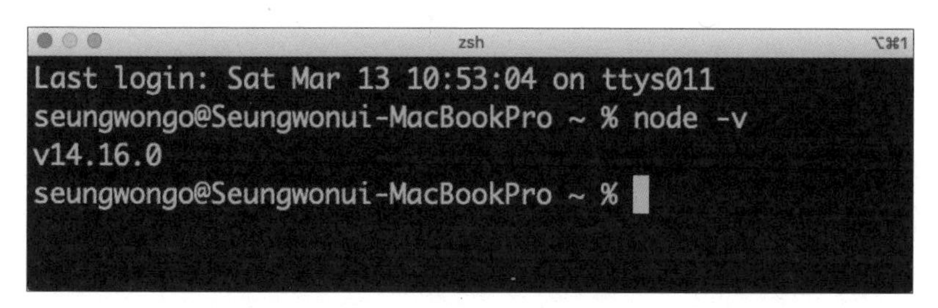

그림 2-13 터미널에서 Node.js 버전 확인

2.3 NPM(Node Package Manager) 설치

우리는 앞으로 Vue 프로그램을 개발하면서, 수많은 오픈소스 모듈을 설치하여 사용하게 됩니다. NPM은 Node.js 기반의 자바스크립트 오픈소스를 등록하고 간단한 명령어를 통해 설치하여 사용할 수 있도록 해주는 패키지매니저입니다.

쉽게 생각하시면 우리가 Vue와 같은 자바스크립트 기반 프레임워크를 통해 개발할 때 사용할 수 있는 수많은 자바스크립트 오픈소스 라이브러리가 등록되어 있어서, 이것을 우리 프로젝트에 쉽게 적용할 수 있도록 도와준다고 생각하시면 됩니다.

앞서 Node.js를 설치하면서 NPM은 자동으로 설치됐습니다. 다음 명령어를 통해 설치된 NPM 버전을 확인할 수 있습니다.

명령어를 `npm -v`를 입력합니다.

```
zsh
Last login: Sat Mar 13 10:53:04 on ttys011
seungwongo@Seungwonui-MacBookPro ~ % node -v
v14.16.0
seungwongo@Seungwonui-MacBookPro ~ % npm -v
6.14.11
seungwongo@Seungwonui-MacBookPro ~ %
```

그림 2-14 터미널에서 npm 버전 확인

2.4 Vue 개발을 위한 유용한 vs code Extension 설치

Vue 개발을 좀 더 편리하게 할 수 있도록 vs code에서는 vs 확장(extension) 프로그램을 설치할 수 있습니다. 확장 프로그램 검색은 좌측 Extensions 메뉴 혹은 맥은 Cmd+Shift+X(윈도우는 Ctrl+Shift+X)를 입력하면 나타납니다. 검색창에 vue를 입력하면 vue와 관련된 다양한 확장 프로그램이 검색되어 나옵니다.

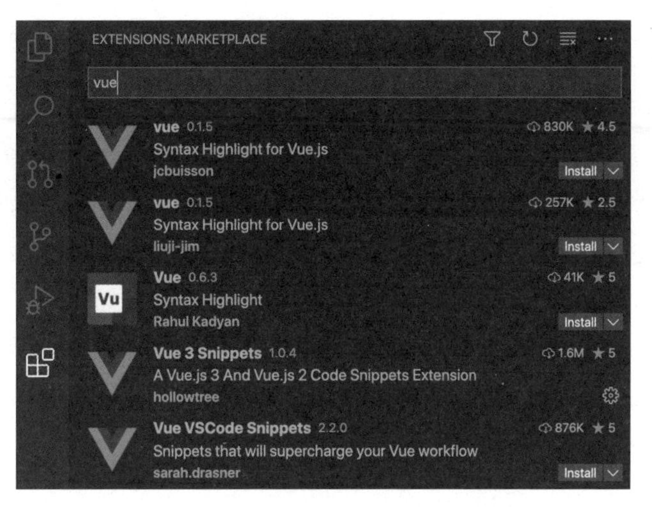

그림 2-15 Visual Studio Code 플러그인 설치(검색)

책에서는 기본적으로 가장 많이 사용하는 확장 프로그램을 설치하겠습니다.

2.4.1 Vetur

Vetur는 Vue 개발을 할 때 가장 먼저 설치하는 확장 프로그램입니다. Vue의 경우는 개발되는 파일의 확장자가 .vue 이기 때문에, 처음 vue 파일을 열면 일반적인 프로그램 코드처럼 코드 안의 변수 혹은 메소드명과 같은 코드의 색상을 다르게 하는 Syntax Highlighting을 지원하지 않고, 일반적인 테스트처럼 보이게 됩니다. Vetur는 Vue의 프로그래밍 문법에 맞는 Syntax Highlighting을 지원합니다.

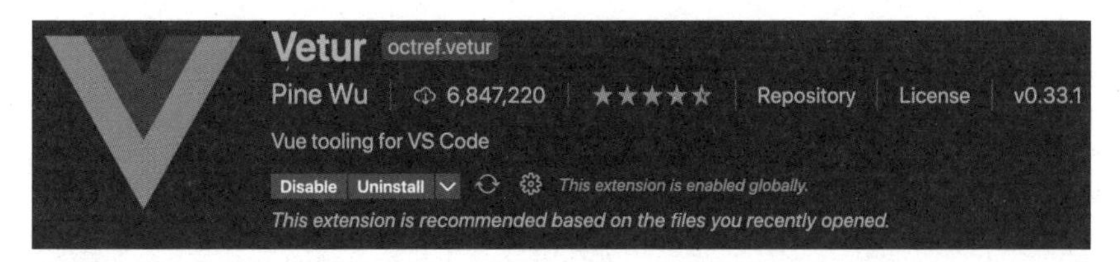

그림 2-16 Visual Studio Code 플러그인 설치(Vetur)

Vue 프로그램 코드 작성 시 사용할 수 있는 프로그램 문법에 대한 가이드를 제공합니다.

```
1  <template>
2    <div id="nav">
3      <router-link to="/" v-Home</router-link> |
4      <router-link to="/exa
5    </div>
6    <router-view/>
7  </template>
8
9  <style>
10 #app {
11   font-family: Avenir, He
12   -webkit-font-smoothing:
13   -moz-osx-font-smoothing
14   text-align: center;
15   color: #2c3e50;
16 }
```

```
v-bind
v-cloak
v-else
v-else-if
v-for
v-html
v-if
v-model
v-on
v-once
v-pre
v-show
```

Dynamically binds one or more attributes, or a component prop to an expression.

API Reference

그림 2-17 Visual Studio Code 플러그인 설치(Vetur - 문법 가이드)

프로그램 코드를 실행하기 전에 문법에 맞지 않는 오류는 물론 잠재적으로 문제가 될 수 있는 코드에 대해 알려줍니다.

2.4.2 Debugger for Chrome

Chrome 브라우저의 개발자 도구를 사용하는 것처럼, vs code 안에서 디버깅을 할 수 있도록 해줍니다.

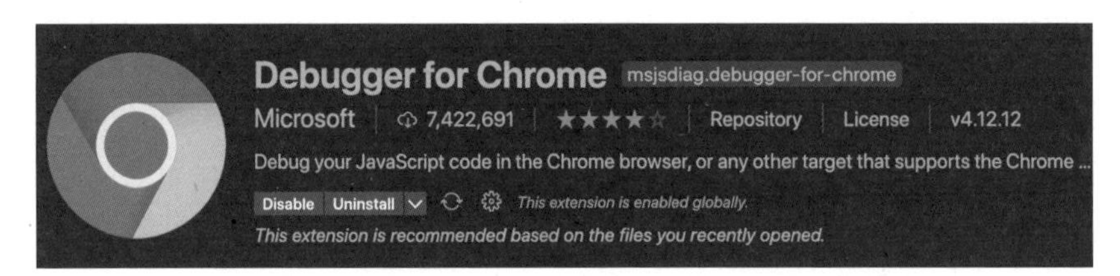

그림 2-18 Visual Studio Code 플러그인 설치(Debugger for Chrome)

2.4.3 Prettier - Code formatter

Vue 프로그램 구현 시 코드 포맷을 지정된 형태로 변환해 줍니다.

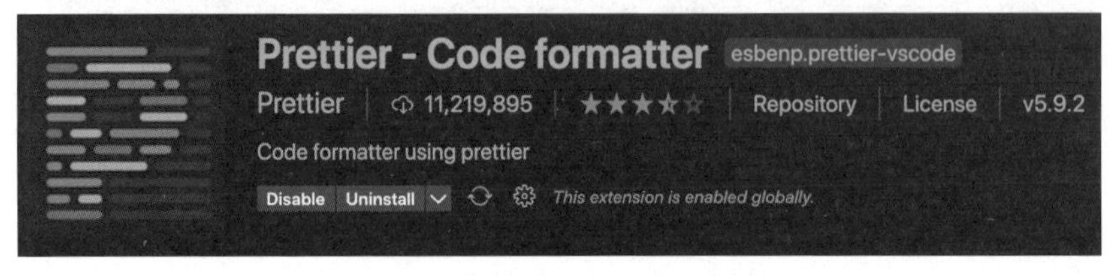

그림 2-19 Visual Studio Code 플러그인 설치(Prettier)

여기까지 설치를 모두 완료했다면 Vue 개발을 위한 준비는 모두 끝났습니다. 이제 본격적으로 개발을 시작해 보겠습니다. 이 책은 실무에서처럼 Vue.js로 프로젝트를 하는 개발 순서에 맞게 챕터를 구성했습니다. 문법을 먼저 가르치는 다른 기술서적과 달리 실제 프로젝트에 적용되는 순서를 기반으로 하고 있습니다.

Vue뿐만 아니라, 어떤 프로그래밍 언어를 이용하더라도 제일 먼저 하는 것이 프로젝트 폴더를 구성하는 일입니다. Vue 프로젝트 개발 역시, 프로그램 코드를 작성해서 관리하기 위한 폴더 구조 및 각종 설정을 먼저 진행해야 합니다.

하지만 이러한 설정은 이제 막 개발을 시작한 개발자에게 쉽지 않은 일입니다. 경험이 많은 개발자일지라도 매번 프로젝트를 할 때마다 가장 표준이 되는 폴더 구조 및 최신 설정을 제대로 유지한다는 것은 쉽지 않습니다.

다행히도 Vue는 개발자가 더 이상 이런 고민을 할 필요 없이 프로젝트에 대한 생성뿐만 아니라 필요한 모든 설정을 자동화하여 적용하는 Vue CLI라는 도구를 제공하고 있습니다. 우리는 Vue CLI를 이용해서 프로젝트를 생성하는 것에서부터 Vue에 대한 공부를 시작하겠습니다.

Vue.js 프로젝트 투입 일주일 전

CHAPTER 3

Vue CLI로 Vue 프로젝트 생성하기

chapter 3

Vue CLI로 Vue 프로젝트 생성하기

이번 챕터에서는 Vue 프로젝트를 빠르게 구성하고, 빌드, 배포할 수 있게 도와주는 플러그인인 Vue CLI를 이용해서 프로젝트를 생성하는 방법에 대해서 알아보고, Vue 프로젝트의 구조를 이해합니다.

3.1 Vue CLI 설치

Vue CLI는 Vue 프로젝트를 빠르게 구성하고, 빌드, 디플로이 할 수 있게 도와주는 도구입니다. 여기서 CLI는 Command Line Interface의 약자로 터미널에 명령어를 입력하여 컴퓨터와 상호 작용하는 방식을 의미합니다.

그럼 Vue CLI를 설치해보겠습니다. Vs code의 터미널에 다음 명령어를 입력하여 Vue CLI를 설치합니다.

```
npm install -g @vue/cli
```

앞서 Node.js를 설치했고, 이때 NPM도 같이 설치됐습니다. NPM은 오픈소스 라이브러리를 패키지 형태로 바로 설치해서 사용할 수 있게 해주는 도구입니다.

NPM에 등록된 패키지는 `npm install 패키지명`을 통해 설치할 수 있습니다. 패키지를 설치할 때 사용할 수 있는 여러 가지 옵션이 있지만 책에서 다룰 2가지 옵션에 대해서만 설명하겠습니다.

-g(global)

```
npm install -g 패키지명
```

-g 옵션을 사용하면 설치하는 패키지가 현재 디렉토리뿐만 아니라 앞으로 생성하게 되는 모든 프로젝트에서 사용할 수 있는 global 패키지로 등록됩니다. Vue CLI는 앞으로 Vue 프로젝트를 생성할 때마다 사용해야 하므로 -g(global)로 설치합니다.

--save

```
npm install 패키지명 --save
```

현재 작업 중인 디렉토리 내에 있는 ./node_modules에 패키지를 설치합니다. 그 다음에 package.json 파일에 있는 dependencies 객체에 지금 설치한 패키지 정보를 추가합니다. 설치되는 모든 패키지는 node_modules 디렉토리에 설치됩니다. node_modules 디렉토리에서 현재 사용하고 있는 모든 패키지를 확인할 수 있습니다.

실무에서 프로젝트를 계속 개발하다 보면 이렇게 설치된 패키지가 굉장히 많아집니다. 만약 다른 팀원들과 공동 작업을 하고 있다면 매번 패키지 파일 전체를 공유하는 일이 자원 낭비가 될 수 있습니다. 그래서 패키지를 설치할 때 --save 옵션을 사용합니다.

--save 옵션을 사용하면 package.json 파일에 설치한 패키지 정보가 추가됩니다. 이렇게 패키지 정보를 추가한 package.json 파일을 팀원들에게 공유하면 명령어 `npm install`을 입력하여 현재 내 프로젝트 디렉토리에 없는 패키지 전체를 한번에 설치할 수 있습니다. 이 방식을 이용하면 깃허브 같은 코드 레파지토리에 패키지 파일을 업로드를 할 필요가 없습니다.

NPM을 처음 사용하는 독자라면 지금 이 내용이 이해가 되지 않을 수도 있지만, 앞으로 우리는 npm을 통해 계속 패키지를 설치를 반복할 것이기 때문에 자연스럽게 이해하며 학습할 수 있으니, 너무 걱정하지 않아도 됩니다.

3.2 Default 옵션으로 프로젝트 설치하기

Vue CLI가 설치되었다면 여러분은 이제 간단한 명령어 하나로 Vue 프로젝트 개발을 위한 각종 폴더 및 설정 파일들을 쉽게 설치할 수 있습니다.

» 3.2.1 Vue 프로젝트 생성

명령어 `vue create 프로젝트명`을 실행합니다. 책에서는 프로젝트명을 'vue-project'로 하여 진행하겠습니다.

```
vue create vue-project
```

Vue 프로젝트 설치 옵션이 나타납니다.

책에서는 Vue 3 버전을 사용할 것이므로 키보드의 방향키를 이용해서 Default (Vue 3 Preview)를 선택하고 엔터를 입력합니다.

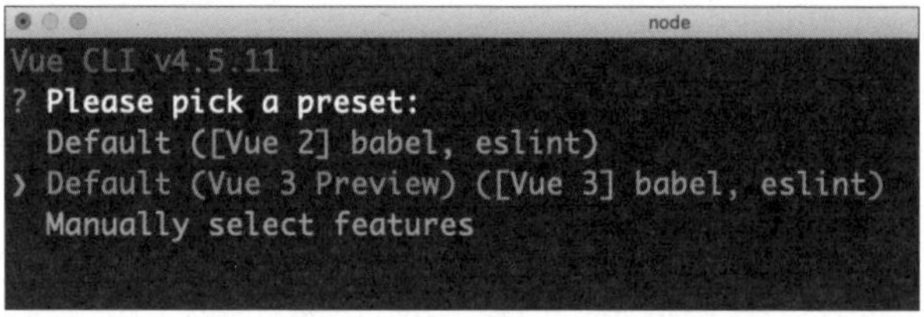

```
Vue CLI v4.5.11
? Please pick a preset:
  Default ([Vue 2] babel, eslint)
> Default (Vue 3 Preview) ([Vue 3] babel, eslint)
  Manually select features
```

그림 3-1 Vue CLI로 프로젝트 설치 옵션 선택(default)

Vue CLI가 Vue 프로젝트를 설치하기 시작합니다. 설치가 정상적으로 끝나면 터미널에 그림 3-2와 같은 화면이 나타납니다.

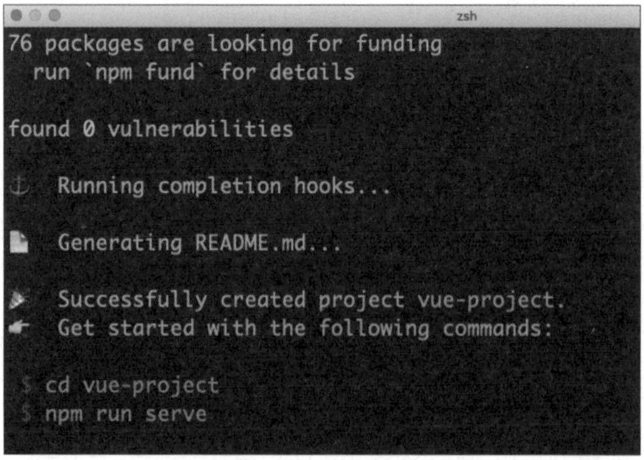

```
76 packages are looking for funding
  run `npm fund` for details

found 0 vulnerabilities

⚓  Running completion hooks...

📄  Generating README.md...

🎉  Successfully created project vue-project.
👉  Get started with the following commands:

 $ cd vue-project
 $ npm run serve
```

그림 3-2 Vue CLI로 프로젝트 설치 완료

왼쪽 패널에 Vue 프로젝트를 생성하면서 입력한 프로젝트명으로 폴더가 생성되고, 프로젝트 폴더 밑으로 Vue 프로젝트 개발을 위한 가장 기본이 되는 파일들이 자동으로 생성됩니다.(3.2.3 Vue 프로젝트 파일 구조에서 파일 목록을 확인할 수 있습니다.)

» 3.2.2 Vue 프로젝트 실행

프로젝트 생성이 끝난 상태에서 터미널에 표시된 가이드대로 명령어를 입력하여 프로젝트를 실행합니다.

명령어 `cd vue-project`를 입력하여 생성된 프로젝트로 이동합니다.

```
cd vue-project
```

명령어 `npm run serve`를 입력하면 다음과 같이 서버가 시작되며, 프로젝트는 기본 포트인 8080(http://localhost:8080/)으로 실행됩니다.

기본 포트 외에 다른 포트를 사용하려면 `npm run serve -- --port 포트번호` 명령어로 직접 포트번호를 지정할 수 있습니다. 만약 3000번 포트로 실행하려면 `npm run serve -- --port 3000` 명령어를 실행합니다.

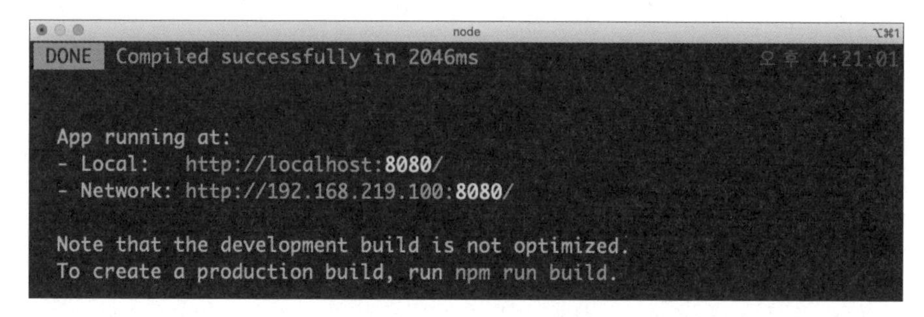

그림 3-3 Vue 프로젝트 실행

웹 브라우저에서 http://localhost:8080/으로 이동하면 다음과 같은 화면이 열립니다. 이 화면이 보이면 Vue 프로젝트가 정상적으로 설치된 것입니다.

여러분은 벌써 Vue를 이용해서 가장 기본적인 프로젝트를 개발했습니다.

» 3.2.3 Vue 프로젝트 파일 구조

자 이제 설치된 프로젝트에 어떤 파일들이 생성이 되었는지 프로젝트 구조를 살펴봅시다. 설치된 프로젝트 구조는 다음과 같습니다.

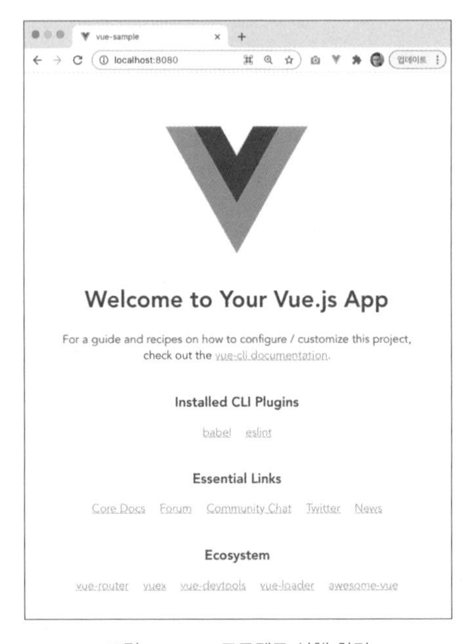

그림 3-4 Vue 프로젝트 실행 화면

그림 3-5 Vue 프로젝트 파일 구조

- node_modules: npm으로 설치된 패키지 파일들이 모여 있는 디렉토리
- public: 웹팩(webpack)을 통해 관리되지 않는 정적 리소스가 모여 있는 디렉토리
- src/assets: 이미지, css, 폰트 등을 관리하는 디렉토리
- src/components: Vue 컴포넌트 파일이 모여 있는 디렉토리
- App.vue: 최상위(Root) 컴포넌트
- main.js: 가장 먼저 실행되는 자바스크립트 파일로써, Vue 인스턴스를 생성하는 역할
- .gitignore: 깃허브에 업로드 할 때 제외할 파일 설정
- babel.config.js: 바벨(Babel) 설정 파일
- package-lock.json: 설치된 package의 dependency 정보를 관리하는 파일
- package.json: 프로젝트에 필요한 package를 정의하고 관리하는 파일
- README.md: 프로젝트 정보를 기록하는 파일

다음은 package.json 파일의 내용을 살펴보겠습니다.

» 파일경로 vue-project/blob/master/package.json

```
{
  "name": "vue-project",
  "version": "0.1.0",
  "private": true,
  "scripts": {
      "serve": "vue-cli-service serve",
      "build": "vue-cli-service build",
      "lint": "vue-cli-service lint"
  },
  "dependencies": {
      "core-js": "^3.6.5",
      "vue": "^3.0.0"
  },
  "devDependencies": {
      "@vue/cli-plugin-babel": "~4.5.0",
      "@vue/cli-plugin-eslint": "~4.5.0",
      "@vue/cli-service": "~4.5.0",
      "@vue/compiler-sfc": "^3.0.0",
      "babel-eslint": "^10.1.0",
      "eslint": "^6.7.2",
      "eslint-plugin-vue": "^7.0.0-0"
  },
  "eslintConfig": {
      "root": true,
      "env": {
          "node": true
      },
      "extends": [
          "plugin:vue/vue3-essential",
          "eslint:recommended"
      ],
      "parserOptions": {
          "parser": "babel-eslint"
      },
      "rules": {}
  },
  "browserslist": [
      "> 1%",
      "last 2 versions",
      "not dead"
  ]
}
```

- name: 프로젝트 이름을 입력합니다.
- version: 프로젝트의 버전 정보를 입력합니다.
- private: 이 옵션을 true로 설정하면 해당 프로젝트를 npm으로 올릴 수 없습니다. 개발자가 실수로 해당 프로젝트를 npm에 올리더라도 이 옵션이 true로 되어 있으면 배포를 막을 수 있습니다.(책에서는 vue 프로젝트를 npm에 등록하지 않으므로 true로 설정합니다)
- scripts: 프로젝트 실행과 관련된 명령어를 등록합니다. 프로젝트 실행, 빌드 등과 같이 프로젝트 개발, 운영 시 사용되는 다양한 script 명령어를 등록하고, 쉽게 사용할 수 있습니다. 개발자가 직접 정의한 script는 npm run 명령어로 사용하고, npm에서 제공되는 명령어는 npm 명령어로 사용합니다.
- dependencies: 사용 중인 패키지 정보를 입력합니다.
- devDependencies: 프로젝트 배포 시 필요 없는, 개발 시에만 필요한 패키지 정보가 등록되는 곳입니다.
- eslintConfig: ESLint는 일관성 있게 코드를 작성하고 버그를 식별하고 회피할 목적으로 ECMAScript/Javascript 코드에서 발견된 패턴을 개발자에게 알려주는 플러그인입니다. 구문 분석을 위해 babel-eslint를 파서로 사용했습니다.
- browserslist: 전 세계 사용 통계 속에서 상위 1% 이상 사용된 브라우저, 각 브라우저의 최신 버전 2개를 지원하도록 합니다.

패키지(플러그인)을 설치하면 dependencies, devDependencies, eslintConfig 등은 자동으로 채워지며, name, version, private 등은 사용자가 직접 입력해서 등록합니다. 사실 package.json을 이루는 옵션은 매우 많이 있지만, 우리는 이 중에서 Vue CLI를 통해서 작성된 옵션만 살펴보았습니다.

3.3 Manually select features 옵션으로 프로젝트 설치하기

앞서 Vue 프로젝트를 생성할 때 Vue CLI의 default 옵션을 선택해서 프로젝트를 생성했습니다. 이번에는 manually select 옵션을 이용해서 프로젝트를 설치하는 방법을 알아보겠습니다.

» 3.3.1 Vue 프로젝트 생성

01 터미널에서 다음 명령어를 입력하여 새 프로젝트를 생성합니다.

```
vue create vue-project-manually
```

02 설치 옵션에서 'Manually select features'를 선택합니다.

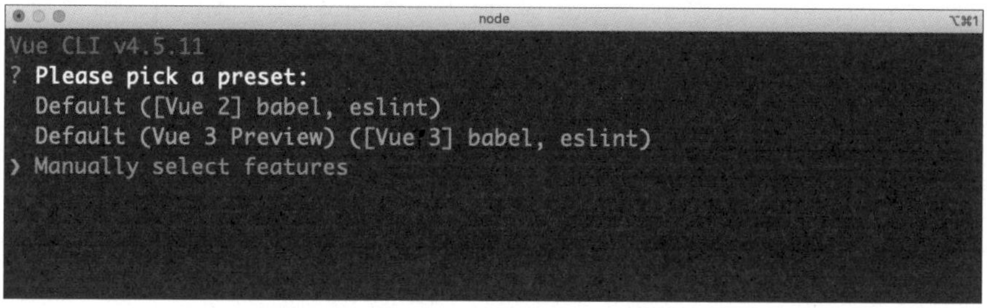

```
node
Vue CLI v4.5.11
? Please pick a preset:
  Default ([Vue 2] babel, eslint)
  Default (Vue 3 Preview) ([Vue 3] babel, eslint)
❯ Manually select features
```

그림 3-6 Vue CLI로 프로젝트 설치 옵션 선택(Manually select features)

03 프로젝트에 필요한 features를 스페이스(space) 키를 이용해서 선택한 후 엔터키를 입력합니다. 책에서는 Choose Vue version, Babel, Router, Vuex, Linter/Formatter를 선택했습니다.

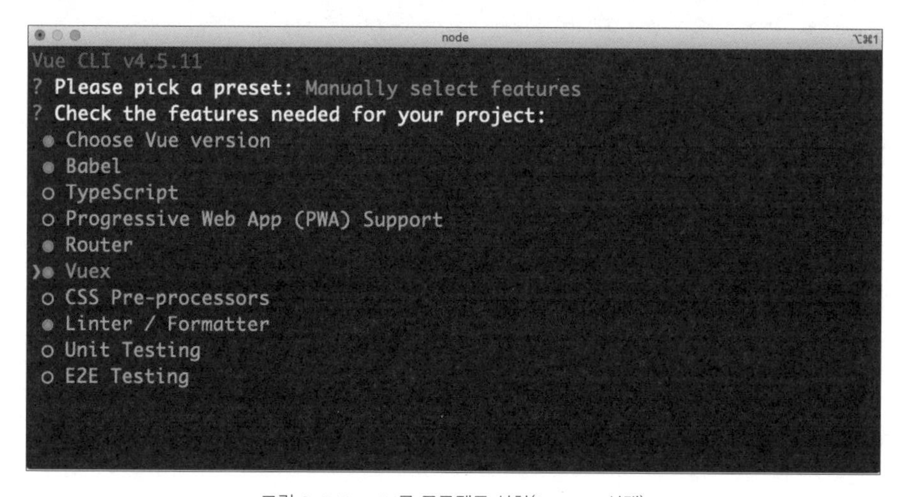

그림 3-7 Vue CLI로 프로젝트 설치(features 선택)

- Choose Vue version: Vue 버전을 선택
- Babel: ES6 버전 이상이나 타입스크립트로 코딩하면 범용적인 ES5 버전으로 자동 전환 지원
- TypeScript: 타입스크립트 지원
- Progressive Web App (PWA) Support: 웹앱 개발 지원
- Router: 라우터 처리를 위한 Vue-Router
- Vuex: Vue에서 상태관리를 위한 패키지인 Vuex
- CSS Pre-processors: Sass, Less, Stylus 등 CSS 작성을 위한 CSS 전처리기
- Linter/Formatter: 자바스크립트 코딩 컨벤션(표준 가이드)
- Unit Testing: 모카(Mocha) 등 단위 테스트를 위한 플러그인
- E2E Testing: E2E(End-to-End) 테스트로 통합테스트를 위한 플러그인

04 앞서 선택한 features에 대해서 하나하나 세부 옵션을 선택해야 합니다. 가장 먼저 Vue 버전을 선택합니다.

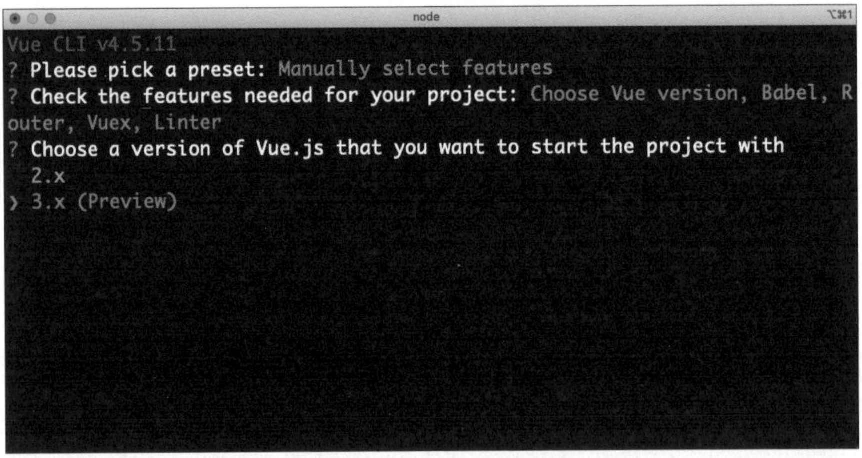

```
Vue CLI v4.5.11
? Please pick a preset: Manually select features
? Check the features needed for your project: Choose Vue version, Babel, R
outer, Vuex, Linter
? Choose a version of Vue.js that you want to start the project with
  2.x
> 3.x (Preview)
```

그림 3-8 Vue CLI로 프로젝트 설치(Vue 버전 선택)

Vue 버전은 3.x 버전을 선택합니다.

05 Vue-Router에서 history 모드를 사용할 것인지 옵션입니다. 'Y'를 입력한 후 엔터키를 입력합니다.

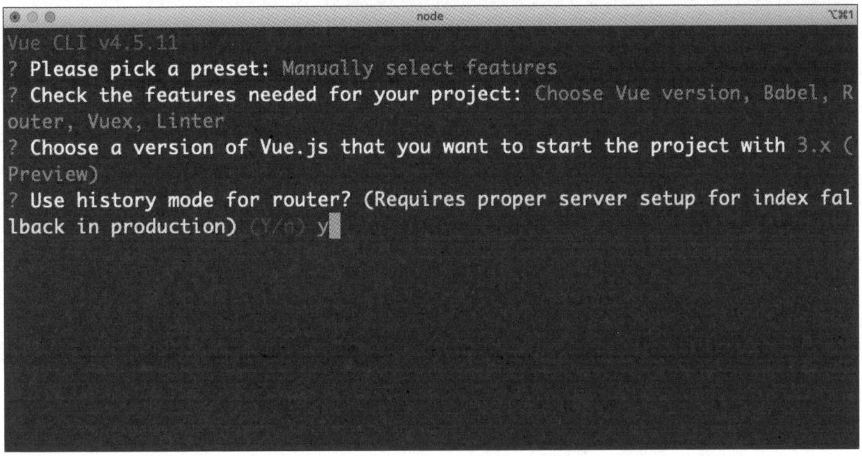

```
node
Vue CLI v4.5.11
? Please pick a preset: Manually select features
? Check the features needed for your project: Choose Vue version, Babel, R
outer, Vuex, Linter
? Choose a version of Vue.js that you want to start the project with 3.x (
Preview)
? Use history mode for router? (Requires proper server setup for index fal
lback in production) (Y/n) y
```

그림 3-9 Vue CLI로 프로젝트 설치(router 모드 선택)

06 ESLint + Standard config를 선택합니다.

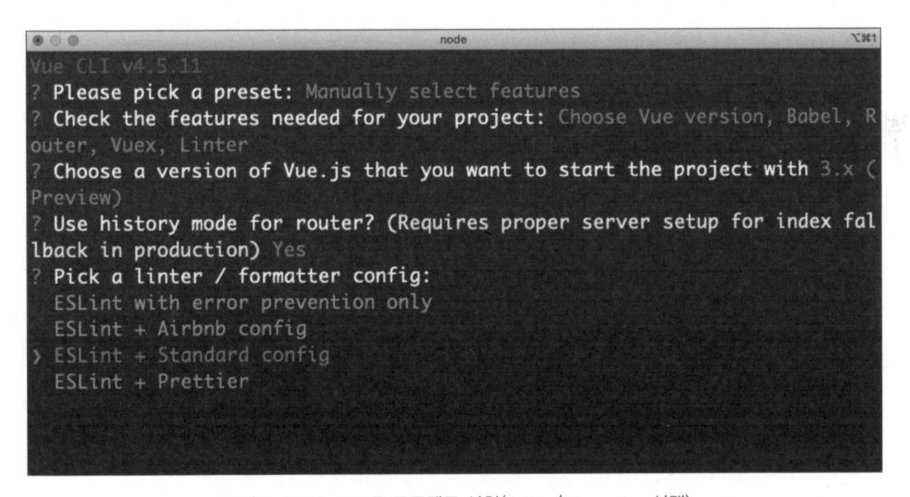

그림 3-10 Vue CLI로 프로젝트 설치(linter / formatter 선택)

이 옵션은 코딩 규칙을 위해 사용됩니다. 팀 작업 시 다수의 개발자가 공통된 코딩 스타일을 맞추기 위해서 필요한 부분입니다.

07 Lint 적용을 저장 시점에 하기 위해서 Lint on save을 선택합니다.

```
Vue CLI v4.5.11
? Please pick a preset: Manually select features
? Check the features needed for your project: Choose Vue version, Babel, R
outer, Vuex, Linter
? Choose a version of Vue.js that you want to start the project with 3.x (
Preview)
? Use history mode for router? (Requires proper server setup for index fal
lback in production) Yes
? Pick a linter / formatter config: Standard
? Pick additional lint features: (Press <space> to select, <a> to toggle a
ll, <i> to invert selection)
❯● Lint on save
 ○ Lint and fix on commit
```

그림 3-11 Vue CLI로 프로젝트 설치(lint 모드 선택)

앞서 선택한 features인 Babel, ESLint 등에 대한 설정 옵션 파일을 별도의 config 파일로 만들지 package.json 파일 안에 만들지에 대한 옵션입니다.

08 In package.json을 선택합니다.

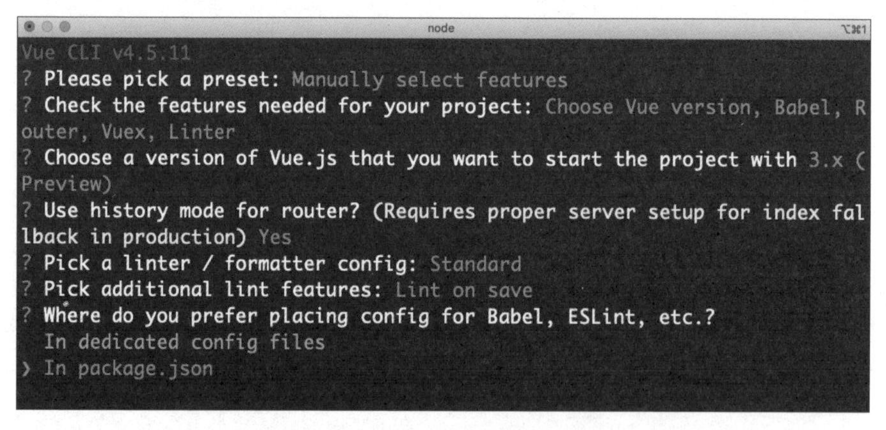

그림 3-12 Vue CLI로 프로젝트 설치(config 파일 생성 옵션 선택)

마지막 옵션은 앞에서 선택한 옵션을 저장해서 향후 vue 프로젝트를 생성할 때 앞서 선택한 옵션과 동일하게 프로젝트를 빠르게 생성할 수 있도록 preset을 저장할 수 있는 옵션입니다.

09 'Y'를 입력합니다.

```
node
Vue CLI v4.5.11
? Please pick a preset: Manually select features
? Check the features needed for your project: Choose Vue version, Babel, R
outer, Vuex, Linter
? Choose a version of Vue.js that you want to start the project with 3.x (
Preview)
? Use history mode for router? (Requires proper server setup for index fal
lback in production) Yes
? Pick a linter / formatter config: Standard
? Pick additional lint features: Lint on save
? Where do you prefer placing config for Babel, ESLint, etc.? In package.j
son
? Save this as a preset for future projects? (y/N) y
```

그림 3-13 Vue CLI로 프로젝트 설치 선택 옵션 preset 저장

10 preset 이름을 입력합니다.

```
node
Vue CLI v4.5.11
? Please pick a preset: Manually select features
? Check the features needed for your project: Choose Vue version, Babel, R
outer, Vuex, Linter
? Choose a version of Vue.js that you want to start the project with 3.x (
Preview)
? Use history mode for router? (Requires proper server setup for index fal
lback in production) Yes
? Pick a linter / formatter config: Standard
? Pick additional lint features: Lint on save
? Where do you prefer placing config for Babel, ESLint, etc.? In package.j
son
? Save this as a preset for future projects? Yes
? Save preset as: vue basic
```

그림 3-14 Vue CLI로 프로젝트 설치 선택 옵션 preset 저장 이름 지정

책에서는 'vue basic'이라고 입력했습니다. Vue 프로젝트가 설치되기 시작하며 설치가 완료되면 다음과 같이 설치 완료 메시지가 터미널에 출력됩니다.

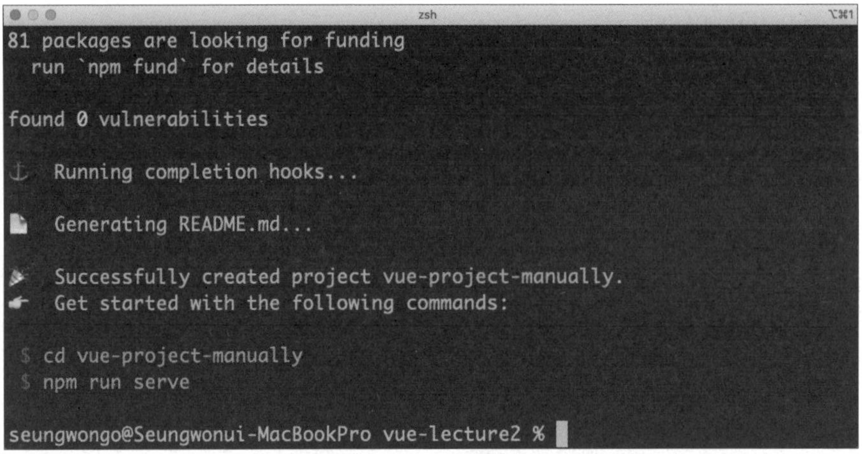

```
81 packages are looking for funding
  run `npm fund` for details

found 0 vulnerabilities

⚓  Running completion hooks...

📄  Generating README.md...

🎉  Successfully created project vue-project-manually.
👉  Get started with the following commands:

 $ cd vue-project-manually
 $ npm run serve

seungwongo@Seungwonui-MacBookPro vue-lecture2 %
```

그림 3-15 Vue CLI로 프로젝트 설치 완료

생성된 프로젝트 파일 구조를 살펴보기 전에 앞서 설치할 때 마지막에 preset으로 저장한 옵션이 어떻게 동작하는지 확인해 보겠습니다.

11 터미널에서 명령어 `vue create vue-preset`를 입력하고 실행합니다.

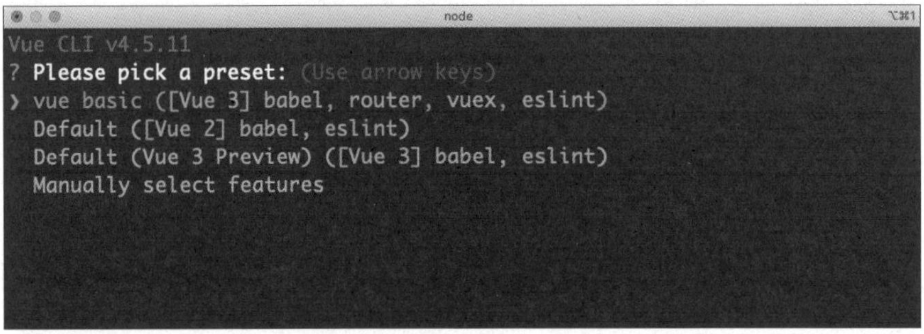

```
Vue CLI v4.5.11
? Please pick a preset: (Use arrow keys)
❯ vue basic ([Vue 3] babel, router, vuex, eslint)
  Default ([Vue 2] babel, eslint)
  Default (Vue 3 Preview) ([Vue 3] babel, eslint)
  Manually select features
```

그림 3-16 저장된 preset을 통한 Vue 프로젝트 설치

이번에는 Default와 Manually select features 옵션 외에도 우리가 앞서 저장한 preset인 vue basic이 설정 옵션이 보입니다.

Vue basic을 선택하면 앞서 세부적으로 설정했던 모든 옵션이 그대로 적용되어서 프로젝트가 별도의 설정 절차 없이 바로 설치됩니다.

» 3.3.2 Vue 프로젝트 파일 구조

설치된 파일을 살펴보면 우리가 default로 설치했을 때에는 없었던 2개의 폴더가 보입니다.

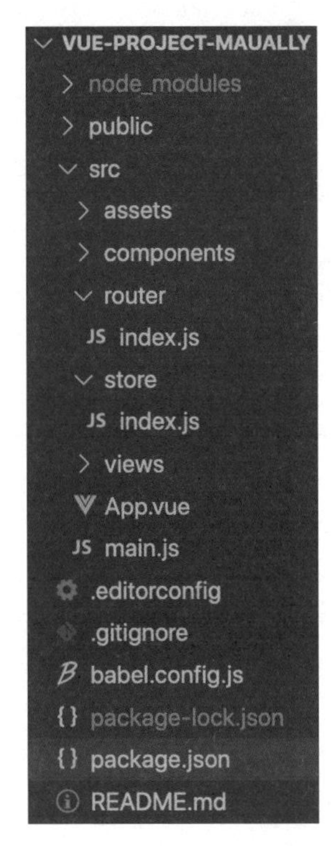

그림 3-17 설치된 Vue 프로젝트 파일 구조

router와 store 폴더입니다. manually로 설치할 때 router와 vuex를 선택했습니다. 이 2개의 폴더는 각각 router와 vuex 설치를 통해 생성된 폴더입니다.

3.4 Vue 프로젝트 매니저로 프로젝트 설치

우리는 앞서 명령어 vue create <프로젝트명>을 실행하여 프로젝트를 설치하는 방법을 알아봤습니다. Vue 프로젝트 매니저를 이용하면 GUI 환경에서 좀 더 쉽게 프로젝트를 생성할 수 있습니다.

» 3.4.1 Vue 프로젝트 매니저 실행

01 터미널에서 다음 명령어를 실행합니다.

```
vue ui
```

브라우저가 열리면서 8000번(기본) 포트로 Vue 프로젝트 매니저가 실행됩니다.

그림 3-18 Vue 프로젝트 매니저

화면을 보면 프로젝트, 만들기, 가져오기 메뉴가 있습니다. 아직 Vue 프로젝트 매니저로 생성한 프로젝트가 없기 때문에 프로젝트 메뉴에는 프로젝트가 없습니다.

» 3.4.2 Vue 프로젝트 생성

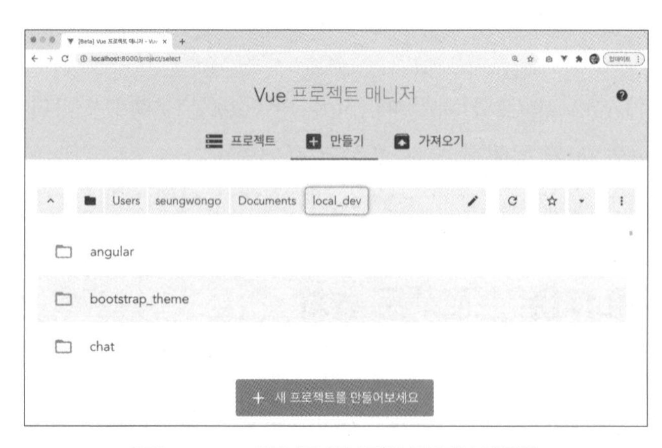

그림 3-19 Vue 프로젝트 매니저(새 프로젝트 만들기)

02 메뉴에서 '만들기'를 클릭합니다.

03 프로젝트를 생성할 위치를 선택한 다음 '새 프로젝트를 만들어보세요' 버튼을 클릭합니다.

04 프로젝트 폴더명을 입력합니다.

책에서는 프로젝트명을 'vue-project-manager'로 진행하겠습니다.

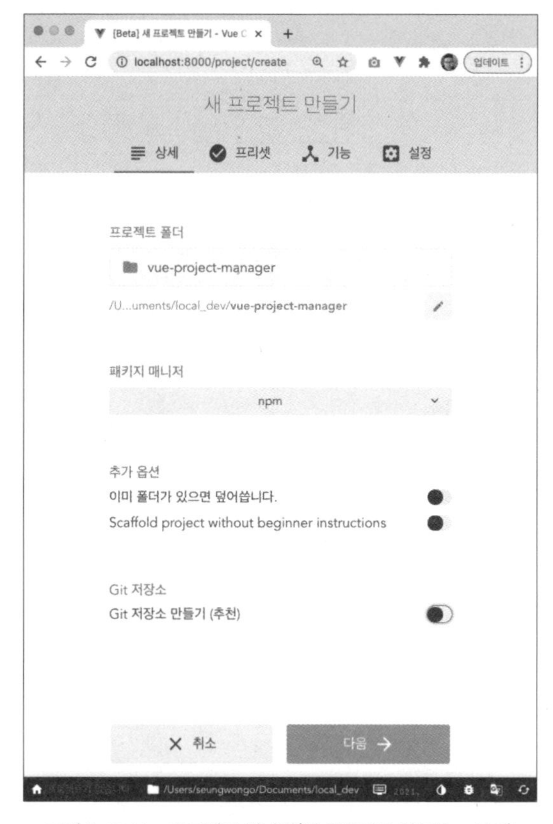

그림 3-20 Vue 프로젝트 매니저(새 프로젝트 만들기 - 상세)

05 패키지 매니저 옵션을 선택합니다.

옵션에는 npm, yarn, pmpm이 있습니다. 책에서는 npm을 선택했습니다.

화면 제일 하단에 Git 저장소 만들기가 있습니다. Git에 저장소를 만들려면 해당 옵션을 사용합니다.

06 '다음' 버튼을 클릭합니다.

07 수동(Manually select features)을 선택하고 '다음' 버튼을 클릭합니다.

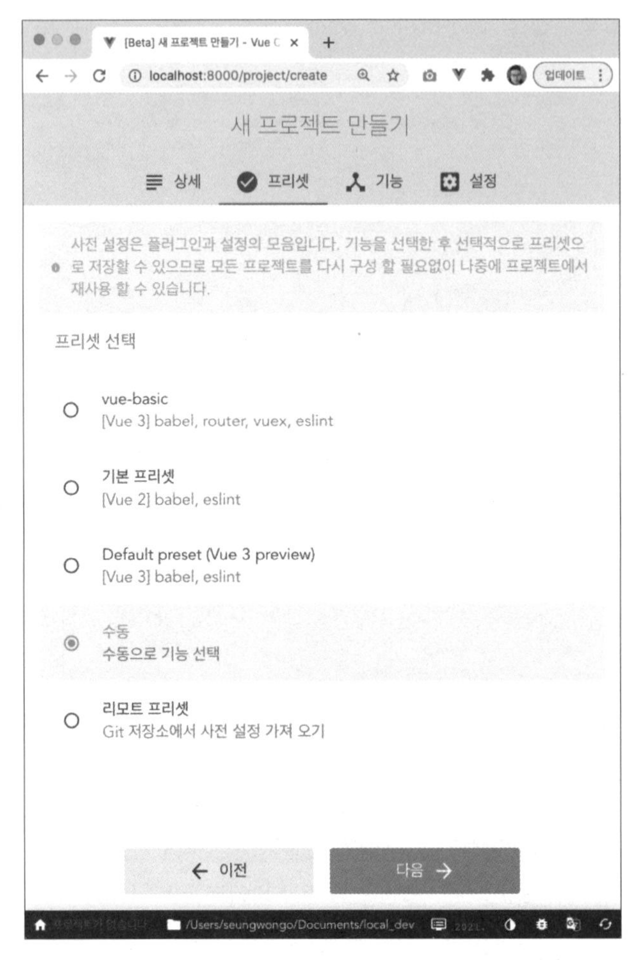

그림 3-21 Vue 프로젝트 매니저(새 프로젝트 만들기 - 프리셋)

우리가 터미널에서 vue create 명령어를 통해 프로젝트를 생성할 때 보았던 프리셋 목록이 보입니다.

08 챕터 3.3.1에서 선택했던 동일한 기능(features)인 Choose Vue version, Babel, Router, Vuex, Linter / Formatter를 선택하고 '다음' 버튼을 클릭합니다.

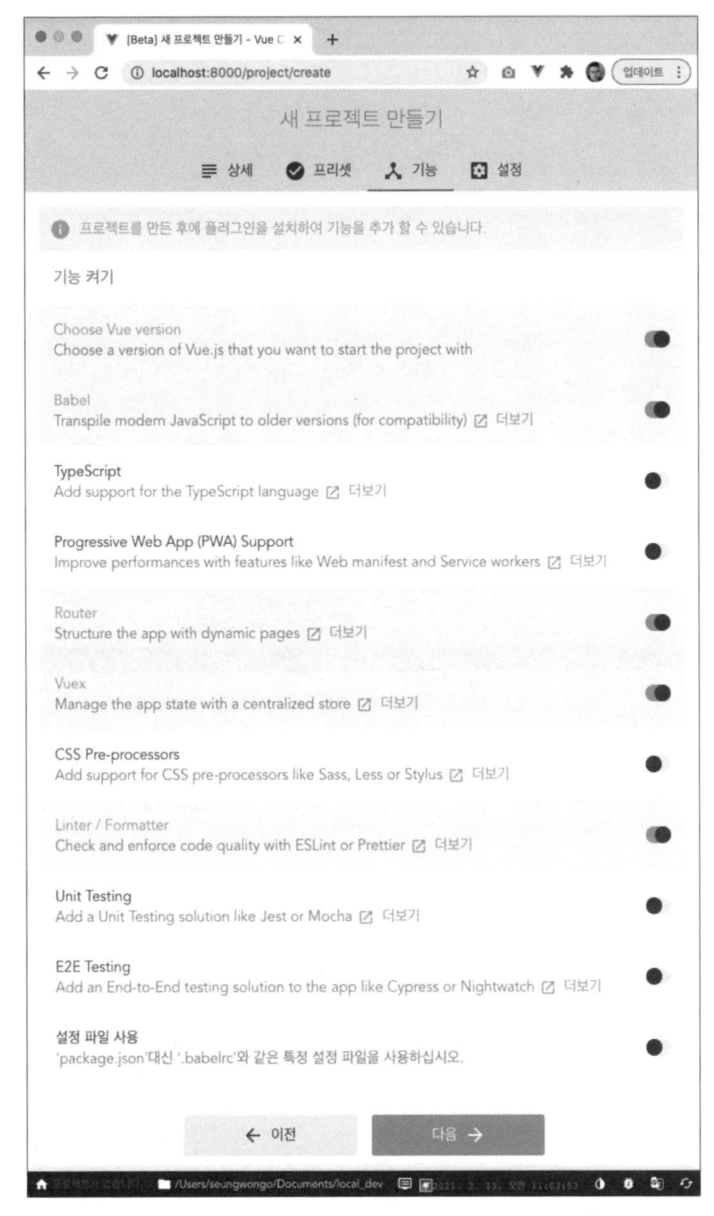

그림 3-22 Vue 프로젝트 매니저(새 프로젝트 만들기 - 기능)

09 Vue 버전을 '3.x(Preview)', Linter/Formatter를 'ESLint + Standard config', Lint on save 옵션을 선택한 다음 '프로젝트 만들기' 버튼을 클릭합니다.

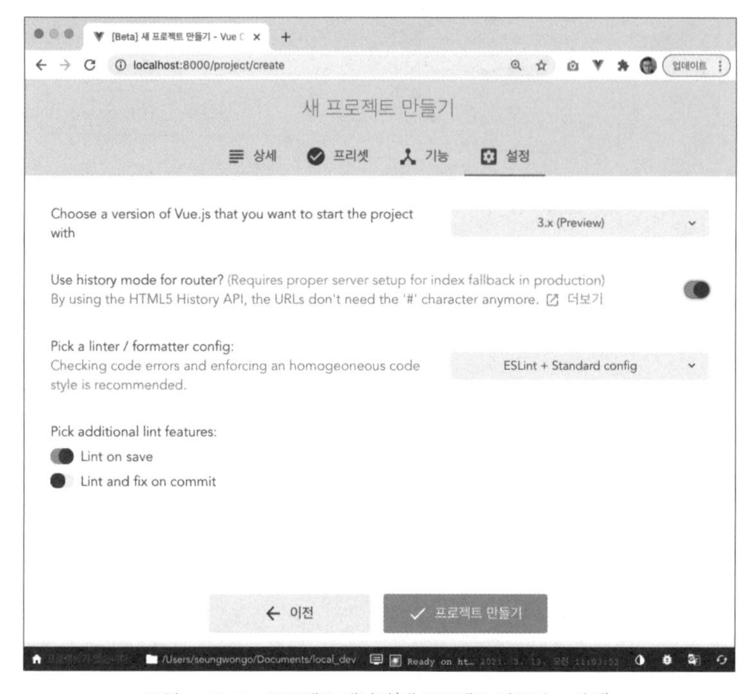

그림 3-23 Vue 프로젝트 매니저(새 프로젝트 만들기 – 설정)

이번에는 프리셋을 저장하지 않고 프로젝트를 생성하겠습니다.

10 '저장하지 않고 진행' 버튼을 클릭하여 프로젝트를 생성합니다.

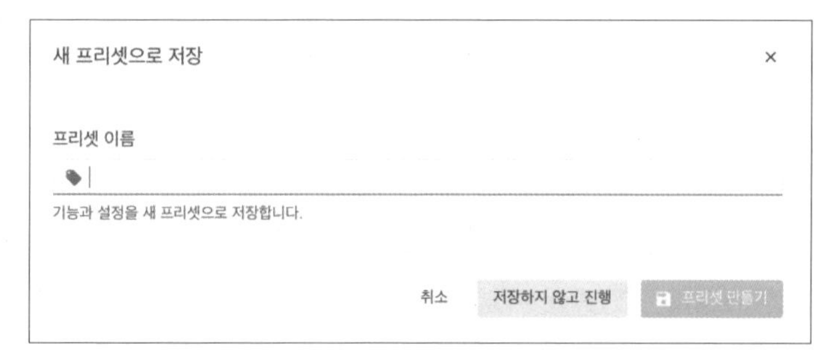

그림 3-24 Vue 프로젝트 매니저(새 프로젝트 만들기 – 새 프리셋으로 저장)

프로젝트 생성이 완료되면 다음과 같은 프로젝트 대시보드가 나타납니다.

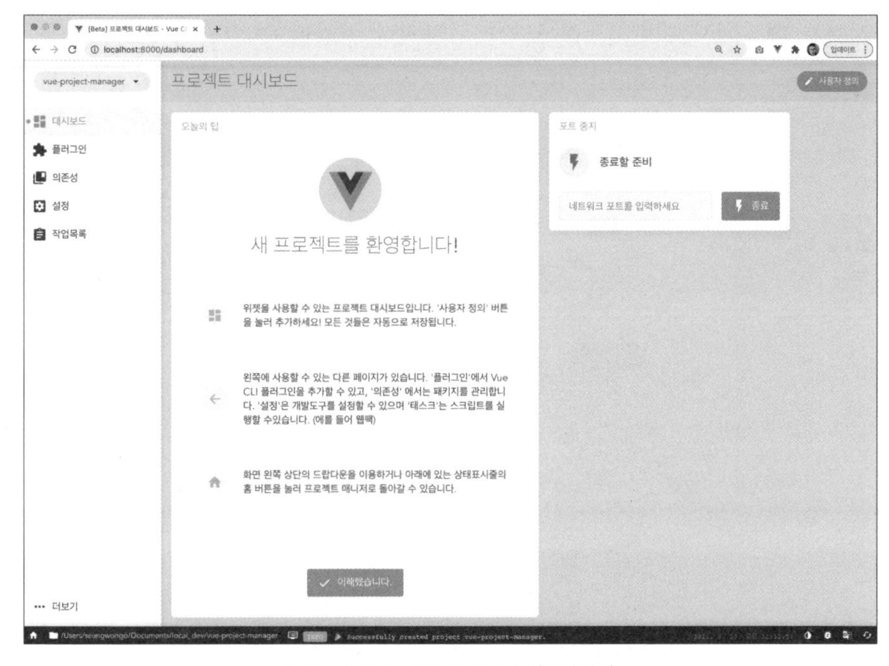

그림 3-25 Vue 프로젝트 매니저(대시보드)

화면 왼쪽에 메뉴 아이콘 5개가 보입니다. 차례대로 대시보드, 플러그인, 의존성, 설정, 작업목록 순서이며 하나씩 알아보겠습니다.

- 대시보드
- 플러그인
- 의존성
- 설정
- 작업목록

우측 상단의 '사용자 정의' 버튼을 클릭하여 위젯을 추가할 수 있습니다.

» 3.4.3 대시보드

대시보드 메뉴에서 프로젝트를 모니터링하거나 관리할 수 있습니다.

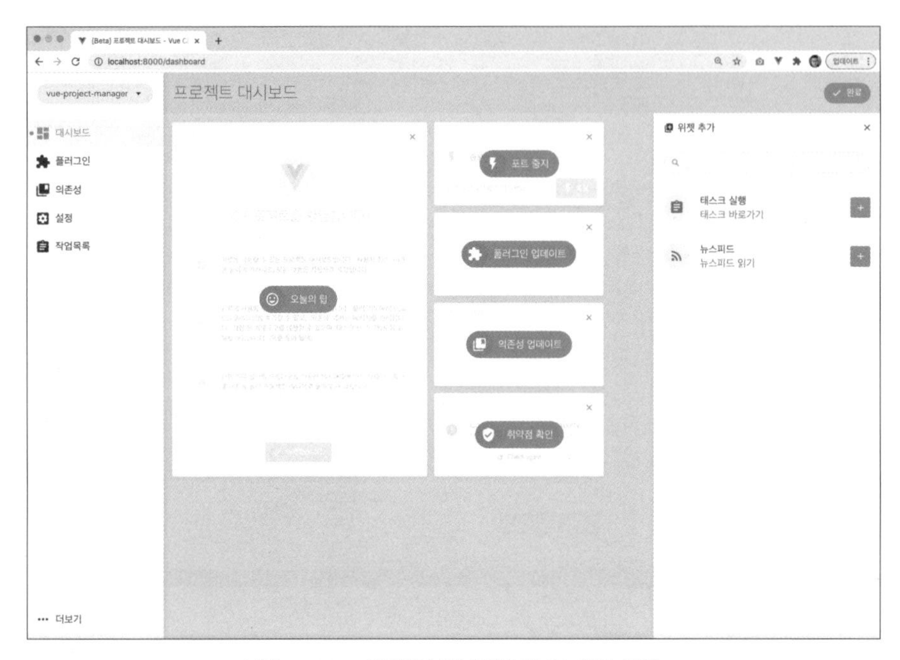

그림 3-26 Vue 프로젝트 매니저(대시보드-위젯 추가)

- 포트 중지: 실행 중인 네트워크 포트 종료
- 플러그인 업데이트: 플러그인 메뉴에 설치되어 있는 플러그인 중 업데이트 가능한 플러그인 목록이 표시되고 업데이트 할 수 있음
- 의존성 업데이트: 의존성 메뉴에 있는 프로젝트 의존성 목록 중 업데이트 가능한 목록이 표시되고, 바로 업데이트 할 수 있음
- 태스크 실행: 작업목록 메뉴에서 제공하는 프로젝트 태스크인 server, build, lint, inspect 중 자주 사용하는 태스크를 선택하여 바로 실행할 수 있음
- 취약점 확인: 현재 설치되어 있는 프로젝트 내에서 취약점 정보를 제공해 줌
- 뉴스피드: Vue 관련 주요 뉴스 확인

» 3.4.4 플러그인

플러그인 메뉴에서 프로젝트에 설치되어 있는 플러그인 목록을 확인할 수 있습니다.

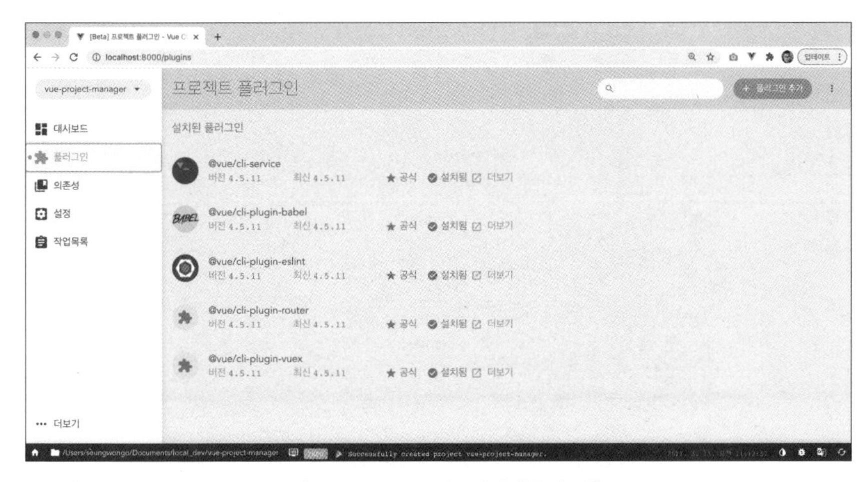

그림 3-27 Vue 프로젝트 매니저(플러그인)

우측 상단의 '플러그인 추가' 버튼을 클릭해서 플러그인을 검색하고 설치할 수 있습니다.

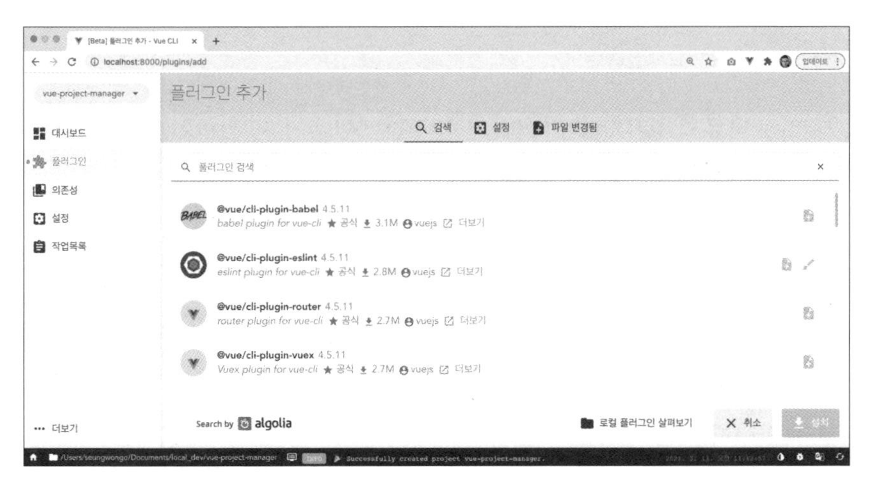

그림 3-28 Vue 프로젝트 매니저(플러그인 추가)

» 3.4.5 의존성

의존성 메뉴에서 개발에 사용하고 있는 플러그인의 버전과 정보를 확인할 수 있습니다.

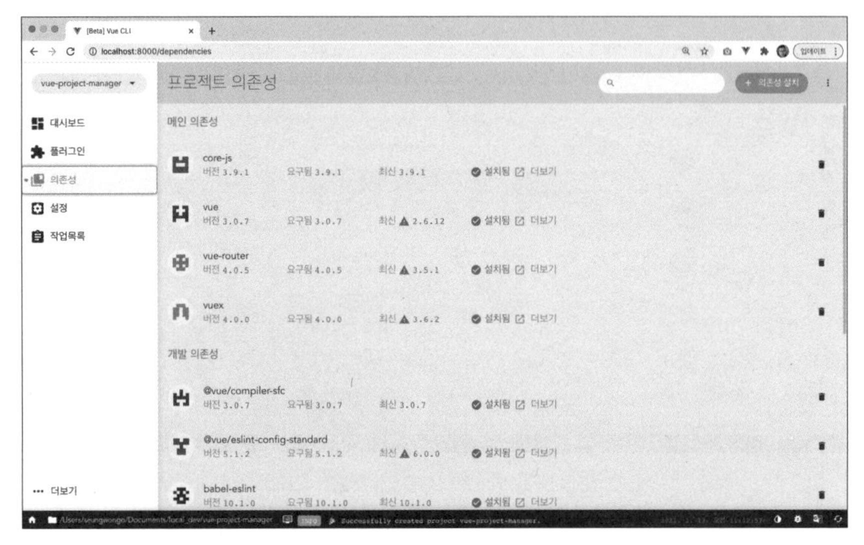

그림 3-29 Vue 프로젝트 매니저(의존성)

각 플러그인마다 '더보기' 버튼을 클릭하면 플러그인에 대한 github 혹은 npm 페이지로 이동할 수 있습니다.

이 메뉴의 내용은 package.json의 dependencies와 devDependencies입니다. package.json 파일 내용을 보면 dependencies에는 현재 개발되고 있는 vue 프로젝트 실행을 위해 설치된 플러그인 목록을 확인할 수 있습니다. package.json의 dependencies의 플러그인 목록이 '메인 의존성' 목록으로 보입니다.

devDependencies에는 vue 프로젝트 개발을 위해 설치된 플러그인 목록을 확인할 수 있습니다. package.json의 devDependencies의 플러그인 목록이 '개발 의존성' 목록으로 보입니다.

» 3.4.6 설정

설정 메뉴에서 프로젝트 생성 시 선택했던 feactures 기능의 config 파일을 관리할 수 있습니다.

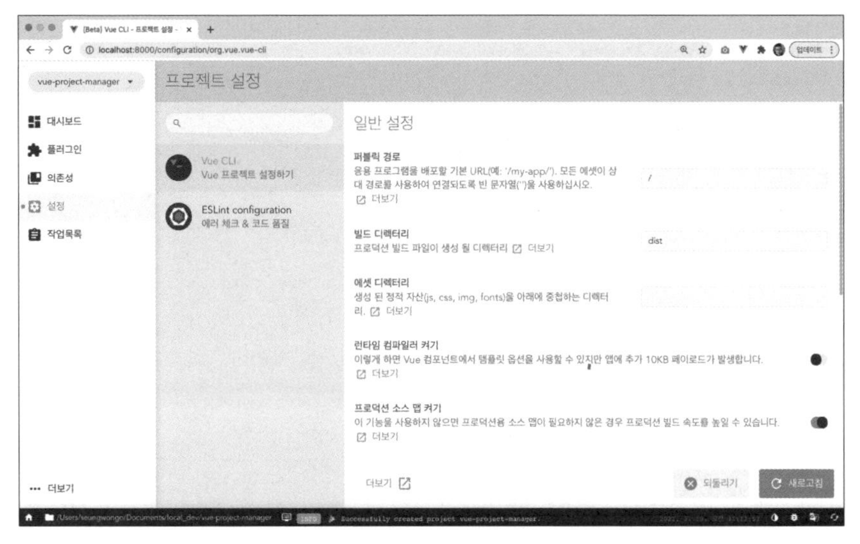

그림 3-30 Vue 프로젝트 매니저(설정)

챕터 3.3 manually select features(사용자 선택) 옵션으로 프로젝트를 설치하면서 3.3.1 Vue 프로젝트 생성 08 단계 "Where do you prefer placing config for Babel, ESLint, etc.?"에서 In package.json을 선택했습니다.

Babal, ESLint 등과 같은 플러그인은 각각의 플러그인 사용을 위한 설정(config)을 별도로 지정할 수 있습니다. 이를 위한 각 플러그인 전용 별도의 config 파일을 생성해서 관리할지, package.json 안에서 사용 설정(config)을 package.json 파일 하나에서 관리할지를 선택하는 것입니다.

설정 메뉴에서는 이렇게 사용 설정이 필요한 플러그인을 GUI 기반으로 설정하여 관리할 수 있게 해줍니다.

» 3.4.7 작업목록

작업목록 메뉴에서 Vue 프로젝트를 실행하고 빌드하는 작업을 수행할 수 있습니다.

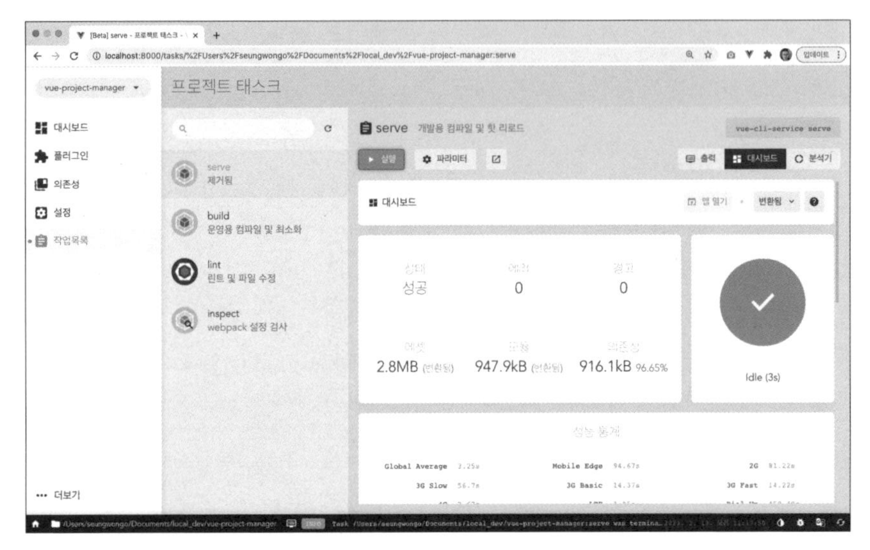

그림 3-31 Vue 프로젝트 매니저(작업목록)

프로젝트 태스크(serve, build, lint, inspect)에서 serve을 선택한 다음, '실행' 버튼을 클릭하여 프로젝트를 실행할 수 있습니다. 프로젝트가 실행되면 프로젝트의 상태, 성능, 에셋, 의존성에 대한 실시간 정보를 확인할 수 있습니다.

특히 성능 통계와 에셋을 통해 프로젝트 리소스가 어떤 성능으로 로드가 되는지 확인할 수 있어서 매우 유용합니다.

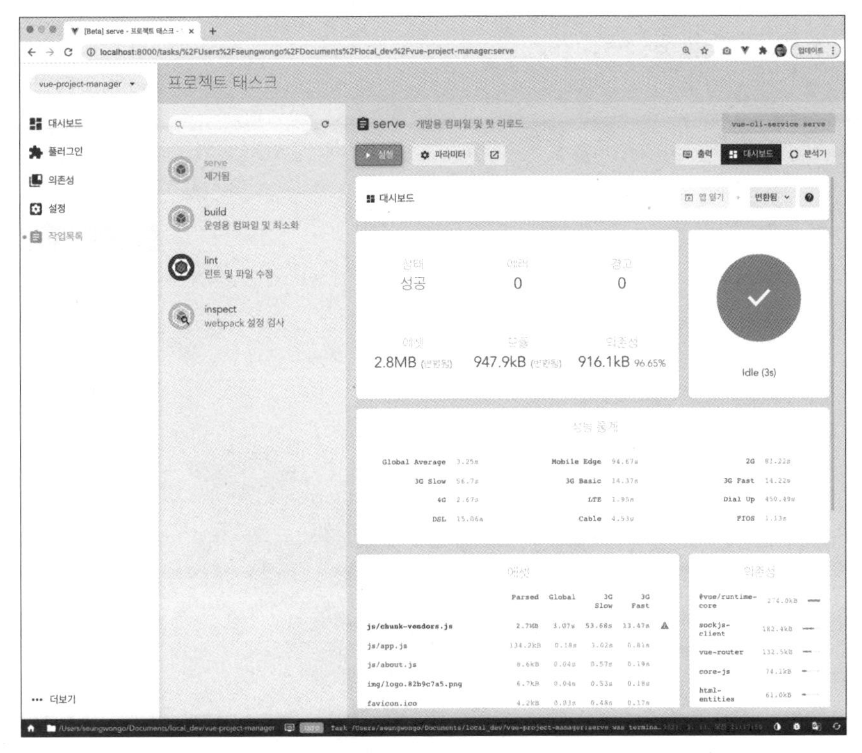

그림 3-32 Vue 프로젝트 매니저(작업목록-실행)

Vue 프로젝트 매니저를 이용하면 프로젝트 생성부터 실행 관리까지 GUI(그래픽사용자인터페이스)를 이용해서 손쉽게 처리할 수 있습니다. 개발자에 따라 GUI 기반의 Vue 프로젝트 매니저를 이용하는 개발자도 있고, 터미널에서 직접 명령어를 이용해서 개발을 진행하는 개발자도 있습니다.

필자의 경우는 Vue 프로젝트 매니저는 화면을 통해 직관적으로 사용할 수 있어서 처음 몇 번 사용을 하였고, 지금은 대다수의 경우 Vue 프로젝트 매니저를 사용하지 않고 터미널 명령어를 직접 이용하는 방식으로 하고 있습니다.

명령어에 익숙해지면 Vue 프로젝트 매니저의 화면을 열어서 메뉴를 클릭하는 방식보다 좀 더 빠르게 일 처리가 가능해지기 때문입니다.

Vue.js 프로젝트 투입 일주일 전

CHAPTER 4

Vue Router 설정

Vue Router 설정

사용자가 접속한 주소에 따라 페이지(컴포넌트)가 달라지는 것을 라우팅이라고 합니다.
이번 챕터에서는 라우팅이 무엇인지 이해하고, Vue에서 라우팅 처리를 위해 사용하는 플러그인인 vue-router에 대한 설치 및 사용 방법에 대해서 알아봅니다. 또한 Vue CLI의 prefetch 기능에 대해서 정확히 이해하고, 컴포넌트의 로딩 시점을 설계하는 방법에 대해서 익히게 됩니다.

우리는 앞서 manually select features 옵션을 통해서 vue-project-manually 프로젝트를, Vue 프로젝트 매니저를 통해 vue-project-manager를 생성했지만, router와 vuex에 대해서는 별도 챕터에서 직접 설치하면서 자세히 설명할 것이기 때문에 책에서는 default 옵션을 통해서 생성했던 vue-project를 이용하겠습니다.

본격적으로 프로그램을 구현하기에 앞서 가장 먼저 해야 할 일은 라우터를 설정하는 일입니다.

4.1 라우팅이란?

여러분이 특정 웹 페이지에 접속했을 때, 메뉴 혹은 특정 링크를 클릭하면 화면이 전환되는 것을 보았을 것입니다. 이때 브라우저 주소란을 보시면 페이지가 이동될 때마다 url 주소가 달라지는 것을 확인할 수 있습니다.

Vue와 같은 단일 페이지 애플리케이션의 경우 페이지를 이동할 때마다 서버에 요청해서 페이지를 새로 갱신하는 것이 아니라 클라이언트에서 미리 가지고 있던 페이지를 라우팅을 이용해서 화면을 갱신하게 됩니다.

라우팅이란 클라이언트에서 url 주소에 따라 페이지가 전환되는 것으로 이해하시면 됩니다. Vue 프로젝트 내부에서는 미리 url 주소를 정의하고, 각 주소마다 Vue 페이지를 연결해 놓습니다. 사용자가 메뉴를 클릭하거나, 브라우저 주소를 직접 갱신했을 때 미리 정의된 url 주소에 해당하는 Vue 페이지로 화면을 전환시킵니다.

Vue는 vue에서 제공하는 공식 플러그인인 vue-router를 이용해서 라우팅을 쉽게 구현할 수 있습니다.

4.2 Vue-Router 설치

터미널에 다음 명령어를 입력하여 vue-router 설치 및 기본 설정을 모두 완료할 수 있습니다.

```
vue add router
```

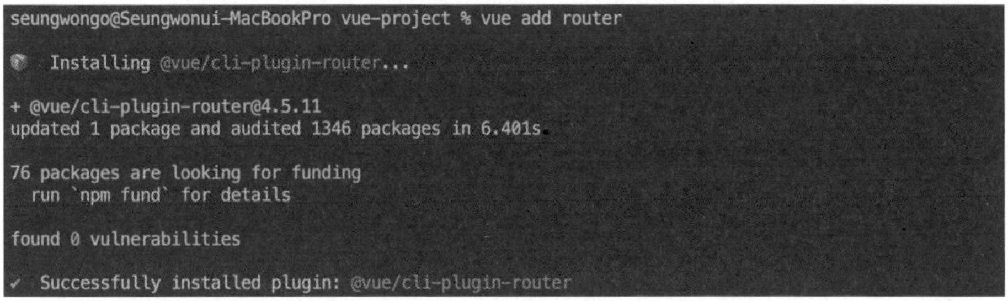

```
seungwongo@Seungwonui-MacBookPro vue-project % vue add router

   Installing @vue/cli-plugin-router...

+ @vue/cli-plugin-router@4.5.11
updated 1 package and audited 1346 packages in 6.401s

76 packages are looking for funding
  run `npm fund` for details

found 0 vulnerabilities

✓  Successfully installed plugin: @vue/cli-plugin-router
```

그림 4-1 Vue Router 설치

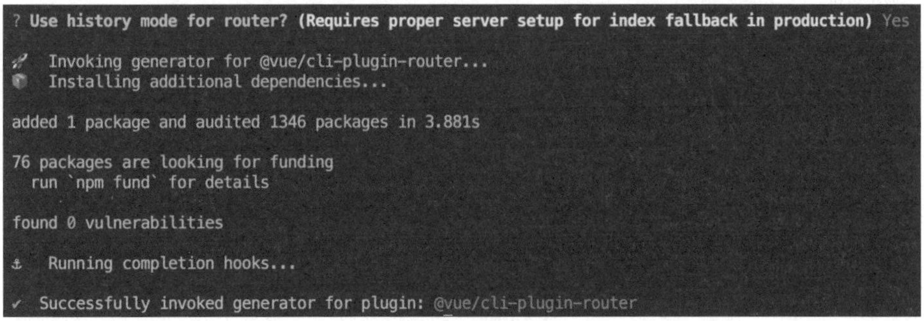

```
? Use history mode for router? (Requires proper server setup for index fallback in production) Yes

   Invoking generator for @vue/cli-plugin-router...
   Installing additional dependencies...

added 1 package and audited 1346 packages in 3.881s

76 packages are looking for funding
  run `npm fund` for details

found 0 vulnerabilities

⚓  Running completion hooks...

✓  Successfully invoked generator for plugin: @vue/cli-plugin-router
```

그림 4-2 history mode 사용 여부

@vue/cli-plugin-router가 설치됩니다. 설치가 끝나면 src 폴더에 router, views 폴더와 파일이 생성됩니다.

그림 4-3 router, views 폴더

이 상태에서 다음 명령어를 입력하여 서버를 재시작합니다.

```
npm run serve
```

브라우저에 http://localhots:8080을 입력합니다.

화면 상단에 Home, About 두 개의 링크가 있습니다. Home과 About 링크를 번갈아 클릭해 보면 화면이 전환되는 것을 확인할 수 있습니다. vue-router를 설치했더니 자동으로 시작 화면에 링크가 추가되고, router가 동작되는 샘플 파일이 자동으로 생성됐습니다. 그럼 vue-router 설치를 통해 새로 추가된 파일들을 살펴보겠습니다.

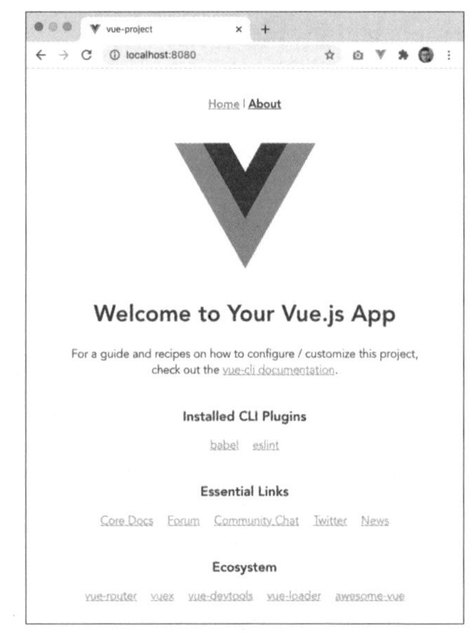

그림 4-4 브라우저를 이용해 localhost에 접속한 화면

App.vue 파일을 열어보겠습니다.

» 파일경로 vue-project/blob/master/src/App.vue

```
<template>
  <div id="nav">
    <router-link to="/">Home</router-link> |
    <router-link to="/about">About</router-link>
  </div>
  <router-view/>
</template>
```

코드에 router-link to="/", router-link to="/about" 부분이 있습니다. 웹 화면을 다시 열어서 Home 링크와 About 링크를 다시 한 번 클릭해 보겠습니다.

링크를 클릭하면서 브라우저 url을 보면 Home 클릭했을 때는 localhost:8080, About을 클릭하면 localhost:8080/about으로 바뀌는 것을 확인할 수 있습니다. 브라우저 url 창에서 확인되는 주소에 해당하는 부분이 router-link to="이곳"과 동일한 것을 알 수 있습니다. 우리가 개발한 페이지의 화면이 어떻게 브라우저의 주소가 바뀔 때마다 바뀌어 보이도록 설정되는 걸까요?

router 폴더의 index.js를 열어보겠습니다.

» 파일경로 vue-project/blob/master/src/router/index.js

```
import { createRouter, createWebHistory } from 'vue-router'
import Home from '../views/Home.vue'

const routes = [
    {
        path: '/',
        name: 'Home',
        component: Home
    },
    {
        path: '/about',
        name: 'About',
        // route level code-splitting
        // this generates a separate chunk (about.[hash].js) for this route
        // which is lazy-loaded when the route is visited.
        component: () => import(/* webpackChunkName: "about" */ '../views/
About.vue')
    }
]

const router = createRouter({
    history: createWebHistory(process.env.BASE_URL),
    routes
})

export default router
```

routes 배열에는 2개의 라우트가 등록되어 있습니다. 첫 번째는 Home 컴포넌트이고, 두 번째는 About 컴포넌트에 대한 라우트입니다.

```
{path: '/', name: 'Home', component: Home}
```

⇒ path: 브라우저에서 접속하는 url 주소를 정의합니다.

⇒ component: 지정된 path로 들어왔을 때 보여줄 vue 컴포넌트, 앞으로 구현할 vue 파일을 연결하고, 해당 파일을 실행시킵니다.

index.js 파일 두 번째 줄에 있는 import Home from '../views/Home.vue'가 실제 src → views 폴더에 있는 Home.vue 파일을 참조합니다. 앞으로 개발할 화면에 해당하는 vue 파일을 이렇게 import하고, routes 안에 특정 path와 맵핑을 해주면 사용자가 접속하는 브라우저 url 주소에 따라 원하는 vue 파일을 보여줄 수 있습니다.

routes 배열의 두 번째 값에 path와 name 밑에 주석 처리된 부분이 있습니다.

```
// route level code-splitting
```

⇒ 라우트 레벨에서 코드를 분할하는 방법입니다.

```
// this generates a separate chunk (about.[hash].js) for this route
```

⇒ 이 라우트에 대한 chunk 파일이 분리되어 생성됩니다.

```
// which is lazy-loaded when the route is visited.
```

⇒ 이 라우트에 방문했을 때 lazy-load(지연 로드) 됩니다.

```
component: () => import(/* webpackChunkName: "about" */ '../views/About.vue')
```

⇒ 주석처럼 라우트 레벨에서 코드를 분할한 후 별도의 chunk 파일을 생성하고, 실제 이 라우트를 방문했을 때 리소스를 로드하게 됩니다. 여기서 chunk 파일은 about이라는 이름으로 생성됩니다. 컴포넌트 import 시 /* webpackChunkName: "about" */ 라는 주석으로 chunk 파일 이름을 정의했기 때문입니다.

첫 번째 등록된 라우트와 두 번째 등록된 라우트의 가장 큰 차이는 첫 번째는 사용자가 해당 path에 접근하지 않더라도 이미 vue 파일을 import 하는 것이고, 두 번째 방법은 path에 접근하기 전까지는 vue 파일에 대한 import가 일어나지 않습니다.

4.3 Lazy Load 적용하기(비동기 컴포넌트)

Vue CLI를 통해 빌드하면 소스 코드가 하나의 파일로 합쳐지는데, 큰 프로젝트에서는 전체 소스 코드가 하나로 합쳐지면서 파일 용량이 매우 커집니다. 이 때문에 사용자가 웹사이트에 처음 접속했을 때 한 번에 큰 파일을 다운로드 받느라 초기 랜더링 시간이 오래 걸리게 되며 랜더링 속도가 너무 늦어져서 사용자가 좋지 않은 경험을 가질 수 있습니다.

물론 페이지가 한번 로드되고 나서는 페이지 전환이 매우 빠르기 때문에 굉장한 이점을 가질 수 있습니다. 하지만 만약에 사용자가 이용하는 페이지가 별로 없다면, 사용하지도 않을 전체 페이지 코드를 다운로드 받음으로써 생기는 이점이 없습니다.

Lazy Load는 리소스를 컴포넌트 단위로 분리하여 컴포넌트 혹은 라우터 단위로 필요한 것들만 그때 그때 다운받을 수 있게 하는 방법입니다. Vue에서 Lazy Load를 사용할 때 한 가지 주의해야 할 것이 있습니다. 앞서 우리가 살펴본 라우터에서 Lazy Load로 컴포넌트를 import 한 것은 내부적으로 Vue CLI의 prefetch 기능이 사용되는 것입니다.

Vue CLI3부터 prefetch 기능이 추가가 되었습니다. prefetch 기능은 미래에 사용될 수 있는 리소스(about과 같은 비동기 컴포넌트)를 캐시에 저장함으로써, 사용자가 접속했을 때 굉장히 빠르게 리소스를 내려줄 수 있습니다. 굉장히 유용한 기능이지만, 비동기 컴포넌트로 정의된 모든 리소스를 당장 사용하지 않더라도 캐시에 담는 비용이 발생합니다.

즉, 별도로 분리된 chunk 파일 각각에 대한 request가 일어나고, 각각의 파일을 다운로드 받아서 캐시에 저장하게 되는 것입니다. prefetch 기능을 사용하는 이유는 랜더링 시간을 줄이기 위해서인데, 잘못 사용하면 오히려 랜더링 시간이 늘어나게 됩니다.

Vue CLI에서 prefetch 기능은 기본값으로 true가 설정되어 있기 때문에, Lazy Load가 적용된 컴포넌트는 모두 prefetch 기능이 적용되어 캐시에 저장됩니다. prefetch 기능은 다음과 같은 부분을 반드시 고려해서 사용해야 합니다. prefetch 기능을 사용하면 request 요청 수가 증가합니다. 비동기 컴포넌트로 정의된 모든 리소스를 캐시에 담기 때문에 Request 요청 수가 많아지게 됩니다.

Name	Status	Type	Initiator	Size	Time
localhost	200	document	Other	1.1 kB	8 ms
app.js	304	script	(index)	180 B	2 ms
chunk-vendors.js	304	script	(index)	181 B	4 ms
about.js	304	javascript	(index)	179 B	3 ms
parent.js	304	javascript	(index)	179 B	3 ms
provide.js	304	javascript	(index)	179 B	3 ms
logo.82b9c7a5.png	304	png	runtime-dom.esm-b...	179 B	1 ms
favicon.ico	304	vnd.micro...	inpage.js:1	179 B	2 ms
info?t=1613614046374	200	xhr	sockjs.js?9be2:1609	428 B	2 ms
favicon.ico	200	vnd.micro...	Other	4.5 kB	6 ms
websocket	101	websocket	sockjs.js?9be2:1687	0 B	Pending

11 requests | 7.3 kB transferred | 3.2 MB resources | Finish: 322 ms | DOMContentLoaded: 293 ms | Load: 311 ms

그림 4-5 prefetch 기능 사용 시 request 요청 수

- prefetch 기능이 적용된 경우: 요청 수 11 requests, Load 타임 311ms
- prefetch 기능 사용하지 않은 경우: 요청 수 8 requests, Load 타임 253ms

Name	Status	Type	Initiator	Size	Time
localhost	200	document	Other	998 B	5 ms
app.js	304	script	(index)	180 B	2 ms
chunk-vendors.js	304	script	(index)	181 B	4 ms
logo.82b9c7a5.png	304	png	runtime-dom.esm-b...	179 B	2 ms
favicon.ico	304	vnd.micro...	inpage.js:1	179 B	1 ms
info?t=1613614125316	200	xhr	sockjs.js?9be2:1609	427 B	1 ms
favicon.ico	200	vnd.micro...	Other	4.5 kB	2 ms
websocket	101	websocket	sockjs.js?9be2:1687	0 B	Pending

8 requests | 6.7 kB transferred | 3.2 MB resources | Finish: 259 ms | DOMContentLoaded: 235 ms | Load: 253 ms

그림 4-6 prefetch 기능을 사용하지 않는 경우 request 요청 수

prefetch 기능을 사용하지 않으면 요청 수가 훨씬 줄어듭니다. 요청 수가 많다는 것은 서버와의 통신 수가 증가한다는 것이고, 내려받는 리소스 크기도 크다는 것입니다. prefetch 기능을 사용하지 않으면 라우터가 이동될 때마다 해당 라우터에서 필요한 리소스를 그때 그때 가져오게 됩니다. 물론 한번 가져온 리소스는 다시 요청하지는 않습니다.

prefetch 기능을 사용하면 애플리케이션의 첫 화면 접속 시 랜더링 속도가 느려질 수 있습니다. 첫 화면에서 사용되는 리소스를 가장 나중에 다운받게 되어 있습니다. 이 말은 아직 사용하지 않고 있는 화면에 대한 리소스를 모두 내려받고 나서야 첫 화면에서 사용되는 리소스를 내려받는다는 것입니다.

오히려 초기 랜더링은 prefetch 기능을 사용하지 않아야 더 빨리 로딩이 됩니다. prefetch 기능은 다른 화면에서 사용될 리소스를 미리 내려받아서, 애플리케이션에서 화면 전환 시 빠른 성능을 가져온다는 장점을 이용하기 위해서 사용되는 것입니다. 그래서 정말 필요한 컴포넌트에 대해서 prefetch 기능을 적용하는 것이 좋습니다.

라우터를 통해 이동되는 컴포넌트에서 사용되는 리소스가 크지 않다면 prefetch 기능을 사용하지 않더라도 사용자 접속 시점에 다운받아도 충분히 매끄럽게 동작할 수 있습니다. 물론 이동하는 컴포넌트에서 사용되는 리소스가 매우 크다면 prefetch 기능을 사용하지 않으면 라우터 이동 시 화면전환이 늦게 진행된다는 문

제가 발생합니다. 그래서 prefetch 기능을 적절한 곳에 적용하는 고민이 반드시 필요하고, 프로젝트팀에서는 이 부분을 반드시 고려해야 좋은 애플리케이션을 서비스할 수 있습니다.

앞서 Vue CLI에서는 prefetch 기능이 기본적으로 true로 설정되어 있다고 했습니다. prefetch 기능을 끄는 방법을 알아봅시다.

Vue.config.js 파일을 생성하고 다음 코드를 추가합니다.

» 파일경로 vue-project/blob/master/vue.config.js

```
module.exports = {
   chainWebpack: config => {
      config.plugins.delete('prefetch'); //prefetch 삭제
   }
}
```

prefetch 기능을 삭제해도, 우리는 비동기 컴포넌트 즉, Lazy Load로 컴포넌트를 사용할 수 있습니다. 컴포넌트 import 시 다음과 같이 처리하면 됩니다.

```
import(/* webpackPrefetch: true */ './views/About.vue');
```

⇒ import 코드를 보면 주석으로 처리된 /* webpackPrefetch: true */ 부분이 있습니다. 이와 같이 컴포넌트 import 시 주석 /* webpackPrefetch: true */을 넣어주면 해당 컴포넌트에 대해서는 prefetch가 적용됩니다. Vue 애플리케이션 개발 시 기본적으로 prefetch 기능은 끄는 것을 권장합니다.

실무 팁

Vue에서 prefetch 기능을 사용해서 비동기 방식으로 컴포넌트를 로드하는 것은 매우 중요한 부분입니다. 어떤 컴포넌트는 하나의 파일로 내려받을지, 그리고 어떤 컴포넌트는 prefetch를 적용해서 캐시에 넣어서 사용할지, 그리고 어떤 컴포넌트 prefetch 없이 사용자의 접속 시점에 내려줄지를 어떻게 설계하느냐에 따라 전체 애플리케이션을 효율적으로 사용할 수 있게 되는 것입니다. 이 부분은 분명 사용자 경험에도 중요한 요소일 것입니다.

사용자가 접속할 가능성이 높은 컴포넌트는 한 번에 다운로드 할 수 있게 설정하고, 사용자의 접속 빈도가 낮은 컴포넌트는 prefetch를 적용하거나, 사용자 접속 시점에 리소스를 다운로드 받게 해서 전체 애플리케이션에 대한 리소스를 내려받는 시점을 분리합니다. 물론 초기 설계 시 적용한 방법을 그대로 유

지하기보다는, 시스템 운영을 통해 사용자가 접속하는 페이지 및 빈도에 대한 현황 조사를 통해 지속적으로 라우터 설정을 개선해 나갑니다.

다시 본론으로 돌아와서 routes/index.js의 첫 번째 줄을 보시면 vue에서 라우팅을 처리하기 위해서 vue-router를 import 하는 것을 확인할 수 있습니다. 이렇게 정의된 router는 main.js에 등록을 해줘야 실제 적용이 되어서 사용할 수 있게 됩니다.

main.js 파일을 살펴보겠습니다.

» 파일경로 vue-project/blob/master/src/main.js

```
import { createApp } from 'vue'
import App from './App.vue'
import router from './router'

createApp(App).use(router).mount('#app')
```

import router from './router' 를 통해 router 폴더의 index.js가 import되게 됩니다. 마지막 줄을 보면 createApp(App) 최상위 컴포넌트인 App.vue로 app을 생성하고, use(router) 코드를 추가하여 App.vue에서 router가 사용될 수 있도록 추가했습니다. 그리고 App.vue를 public 폴더의 index.html에 정의되어 있는 id="app"인 html element에 마운트 시키게 됩니다.

앞에서 라우터를 살펴보았습니다. 우리는 Home, About을 클릭할 때마다 연결되어 있는 vue 파일이 호출이 되고, 해당 파일의 코드가 실행되어서 화면에 나타나는 것을 확인했습니다. 이렇게 .vue 작성된 파일을 컴포넌트라고 부릅니다.

Vue.js 프로젝트 투입 일주일 전

CHAPTER 5 ▼

컴포넌트 Basic

chapter 5

컴포넌트 Basic

이번 챕터에서는 Vue 컴포넌트 개발을 위한 기본 문법에 대해서 알아봅니다. Vue 컴포넌트의 코드 구조를 이해하고, HTML 입력 폼 객체에 따른 데이터 바인딩 방법을 구체적으로 알아보게 됩니다. 이외에도 리스트 랜더링, 랜더링 문법, 이벤트 처리 등 Vue 컴포넌트에서 HTML DOM 처리를 위한 문법을 익히게 됩니다.

5.1 컴포넌트란?

컴포넌트는 View, Data, Code의 세트라고 생각하면 됩니다. 컴포넌트 안에는 HTML 코드가 있고, 이 HTML 코드를 실행하기 위한 자바스크립트 코드 그리고 데이터가 존재합니다. 컴포넌트의 가장 큰 특징은 재사용이 가능하다는 점입니다. 즉, 다른 컴포넌트에 import 해서 사용할 수 있습니다. Vue에서 컴포넌트는 우리가 화면에서 보는 페이지 자체일 수도 있고, 페이지 내의 특정 기능 요소일 수 있습니다.

우리가 Vue로 프론트엔드를 개발할 때 컴포넌트 설계를 어떻게 하는가는 매우 중요합니다. 동일한 기능을 갖는 요소가 발견이 되었을 때 해당 기능을 컴포넌트로 구현해서, 사용하는 모든 페이지에서 호출해서 사용할 수도 있고, 동일한 기능을 필요한 각각의 페이지에서 개별로 작성할 수도 있습니다.

Vue CLI를 이용해서 프로젝트를 최초 생성했을 때 src 폴더 밑에 components 폴더가 있는 것을 확인할 수 있습니다. 그런데 라우터 설정을 위해서 vue-router를 추가하면 src 폴더 밑에 views 폴더가 생성되는 것을 확인할 수 있습니다. 실제 프로젝트에서는

views 폴더에 우리가 페이지라고 부르는 화면 하나하나에 해당하는 vue 컴포넌트 파일을 생성하고, components 폴더에는 다른 vue 파일에서 호출해서 공통으로 사용할 수 있는 vue 컴포넌트 파일을 생성하고 관리하게 됩니다.

이렇게 페이지 전체를 이루는 vue 파일이나 재사용을 위한 화면의 일부 기능 요소에 해당하는 vue 파일이나 vue 입장에서는 모두 컴포넌트이고, 내부적으로 동일한 구조를 가지게 됩니다. 그래서 이렇게 물리적으로 프로젝트 폴더를 구분해서 사용하는 것이 관리적인 차원에서 훨씬 효율적입니다.

5.2 컴포넌트 구조 이해하기

컴포넌트 구조를 이해한다는 것은 쉽게 말해서, 여러분이 앞으로 작성해야 할 코드의 기본 구조를 만드는 것입니다. 사실 저는 지금부터 우리가 배울 컴포넌트 구조에 해당하는 프로그램 코드를 갖는 vue 파일을 작성해 놓고, 매번 vue 기반 프로젝트를 할 때마다 해당 vue 파일을 복사해서 사용합니다.

요즘은 vs code뿐만 아니라 대다수의 개발 IDE 도구는 snippet 기능을 제공합니다. snippet은 특정 코드를 미리 작성하고 등록하여 단축키로 코드를 불러와서 바로 사용할 수 있는 기능입니다. 저 역시도 vue의 snippet 기능을 이용해서 컴포넌트 기본 구조에 해당하는 코드를 등록해서 사용합니다. 그렇다면 vue 컴포넌트의 기본 구조를 알아본 다음, 해당 코드를 snippet으로 등록하는 것까지 해보겠습니다.

» 5.2.1 컴포넌트 기본 구조

뷰 컴포넌트 내에는 name, components, data, computed 같은 기본 프로퍼티 외에도 뷰 컴포넌트가 생성이 되고 종료가 되기까지 발생하는 라이프사이클 훅에 해당하는 메소드 등이 있습니다. 이중에 vue 컴포넌트 개발 시 필자가 가장 자주 사용하게 되는 기본 코드 구조를 snippet에 등록하여 사용하겠습니다.

```
<template>
  <div></div>
</template>
<script>
  export default {
    name: '', //컴포넌트 이름
    components: {}, //다른 컴포넌트 사용 시 컴포넌트를 import하고, 배열로 저장
    data() { //html과 자바스크립트 코드에서 사용할 데이터 변수 선언
      return {
        sampleData: ''
      };
    },
    setup() {}, //컴포지션 API
    created() {}, //컴포넌트가 생성되면 실행
    mounted() {}, //template에 정의된 html 코드가 랜더링된 후 실행
    unmounted() {}, //unmount가 완료된 후 실행
    methods: {} //컴포넌트 내에서 사용할 메소드 정의
  }
</script>
```

- <template>: view에 해당하는 html 코드를 작성하는 영역입니다.
- name: 컴포넌트 이름을 등록합니다. 컴포넌트 이름은 등록하지 않아도 사용하는 것에는 지장이 없습니다.
- components: 외부 컴포넌트를 사용하게 되면 해당 컴포넌트를 import한 후, 이곳에 배열로 등록해줘야 합니다.
- data: 데이터 프로퍼티는 html 코드와 자바스크립트 코드에서 전역 변수로 사용하기 위해 선언하는 데이터입니다. 데이터 바인딩을 통해 화면에 해당하는 html과 코드에 해당하는 자바스크립트 간의 양방향 통신이 가능하도록 합니다. 데이터 프로퍼티에 정의된 변수는 this를 통해서 접근해야 합니다.
- setup: 컴포지션 API를 구현하는 메소드입니다.
- created: 컴포넌트가 생성되면 실행됩니다.
- mounted: 템플릿에 작성한 HTML 코드가 랜더링 된 후 실행됩니다.
- unmounted: 컴포넌트를 빠져나갈때 실행됩니다.
- methods: 컴포넌트 내에서 사용할 메소드를 정의하는 곳입니다. 이곳에 작성된 메소드는 this를 통해서 접근해야 합니다.

컴포넌트 라이프사이클 훅에는 created, mounted, unmounted 외에도 더 많은 라이프사이클 훅이 존재하지만, created, mounted, unmounted 3가지만 기본 구조로 사용하는 이유는 실무에서 컴포넌트 개발 시 가장 많이 사용하는 라이프사이클 훅이기 때문입니다. (라이프사이클 훅에 대한 설명은 챕터 9장에서 다루겠습니다.)

이 코드는 여러분이 앞으로 vue 개발을 할 때 항상 작성해 놓고 시작해야 하는 코드입니다. 좀 더 자극적으로 말씀드리면 이 코드를 항상 복사해놓고, .vue 파일을 만들고 나면 바로 붙여놓고 시작하라고 말하고 싶습니다. 그런데 만들어둔 코드를 매번 복사하고 붙여넣기해서 사용하기에는 너무 귀찮을 것 같습니다. 고맙게도 vs code에서는 이런 코드를 등록해서 불러와서 사용할 수 있는 snippet 기능을 제공합니다. 그럼 이번에 작성한 컴포넌트의 기본 구조를 snippet에 등록해 보겠습니다.

» 5.2.2 Snippet 설정

01 Code → Preference → User Snippets을 선택하면 Snippets을 등록할 파일 유형을 선택하는 창이 나타납니다(윈도우는 File → Preference → User Snippets을 선택합니다). 여기서 'vue'를 입력한 다음 vue(Vue)를 선택합니다.

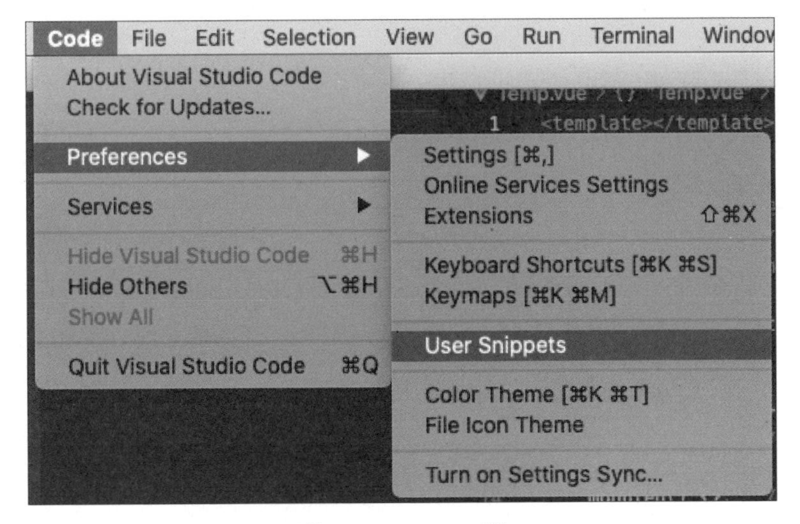

그림 5-1 User Snippets 메뉴

vue

vue (Vue)
vue-html (Vue-html)
vue-postcss (Vue-PostCSS)

그림 5-2 User Snippets 적용을 위한 언어 선택

02 Vue.json 파일이 열립니다. vue.json 파일에는 아직 등록된 snippets이 없기 때문에 다음과 같이 snippets을 등록하는 방법이 주석처리가 되어서 나타납니다.

```
{
    // Place your snippets for vue here. Each snippet is defined under a snippet
       name and has a prefix, body and
    // description. The prefix is what is used to trigger the snippet and the body
       will be expanded and inserted. Possible variables are:
    // $1, $2 for tab stops, $0 for the final cursor position, and ${1:label},
       ${2:another} for placeholders. Placeholders with the
    // same ids are connected.
    // Example:
    // "Print to console": {
    //     "prefix": "log",
    //     "body": [
    //         "console.log('$1');",
    //         "$2"
    //     ],
    //     "description": "Log output to console"
    // }
}
```

우리가 앞서 작성했던 컴포넌트 기본 구조를 복사해서 body에 넣어줍니다. 이때 주의할 점은 코드를 문자열로 등록해야 하기 때문에, 나중에 실행했을때 코드 포맷을 맞춰주기 위해서 \n(뉴라인), \t(탭)을 이용해서 코드 포맷을 맞춰줍니다.

03 Vue 컴포넌트 개발 시 기본 뼈대가 되는 코드를 다음과 같이 등록합니다.

필자는 다음과 같이 등록해서 사용하고 있습니다.

```
"Generate Basic Vue Code" : {
    "prefix": "vue-start",
    "body": [
        "<template></template>\n<script>\nexport default {\n\tname:
'',\n\tcomponents: {},\n\tdata() {\n\t\treturn {\n\t\t\tsampleData: ''\n\t\t};\
n\t},\n\tbeforeCreate() {},\n\tcreated() {},\n\tbeforeMount() {},\n\tmounted()
{},\n\tbeforeUpdate() {},\n\tupdated() {},\n\tbeforeUnmount(){},\n\tunmounted()
{},\n\tmethods: {}\n}\n</script>"
    ],
    "description": "Generate Basic Vue Code"
}
```

» 5.2.3 Snippet 사용

등록된 snippets이 잘 동작하는지 확인하기 위해서 src/views 폴더에 있는 About.vue 파일을 열고, About.vue 파일에 작성된 코드를 전부 삭제하겠습니다. 그런 다음 다음과 같이 sta라고 입력하면 등록된 vue-start가 보이게 됩니다.

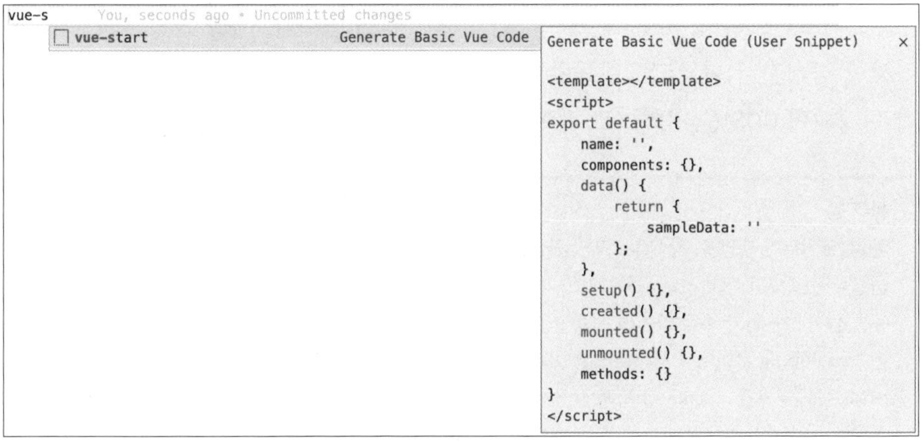

```
vue-s      You, seconds ago • Uncommitted changes
    vue-start                Generate Basic Vue Code

Generate Basic Vue Code (User Snippet)    ×

<template></template>
<script>
export default {
    name: '',
    components: {},
    data() {
        return {
            sampleData: ''
        };
    },
    setup() {},
    created() {},
    mounted() {},
    unmounted() {},
    methods: {}
}
</script>
```

그림 5-3 User Snippets 사용

vue-start를 선택하면 다음과 같이 우리가 등록한 코드가 자동으로 만들어지는 것을 확인할 수 있습니다. 이 기본 구조는 여러분이 vue 개발 시 계속해서 사용하는 것이기 때문에, 한번 이렇게 등록하면 굉장히 편하게 개발할 수 있습니다.

```
<template></template>
<script>
   export default {
      name: '',
      components: {},
      data() {
         return {
            sampleData: ''
         };
      },
      setup() {},
      created() {},
      mounted() {}
      unmounted() {},
      methods: {}
   }
</script>
```

» 5.2.4 Lifecycle Hooks

모든 컴포넌트는 생성될 때 초기화 단계를 거치게 됩니다. 예를 들어, 데이터의 변경사항 감시를 위한 설정, 템플릿 컴파일, 인스턴스를 DOM에 마운트하고, 데이터가 변경되면 DOM을 업데이트 해야 합니다.

실무 팁

Vue컴포넌트가 개발 시 각 라이프사이클 훅에 따라 프로그램을 적절히 배치하면 화면 로딩 시간을 개선할 수 있습니다. 정확히는 사용자가 느끼는 체감 속도를 많이 높일 수 있습니다.

예를 들어 사용자가 특정 화면에 접속했을 때, 화면에서 제일 먼저 보여줘야 하는 데이터 영역의 경우는 created() 에 정의해서 서버로부터 미리 받아오고, 화면 로딩 이후에 삽입되어도 되는 데이터 혹은 HTML 객체 부분은 mounted() 훅에 정의함으로써 데이터와 HTML 부분을 로딩하는 타이밍을 적절히 분배하는 것입니다. 이렇게 함으로써 사용자가 느끼는 화면 로딩 속도를 개선할 수 있습니다.

다음은 라이프사이클 다이어그램입니다.

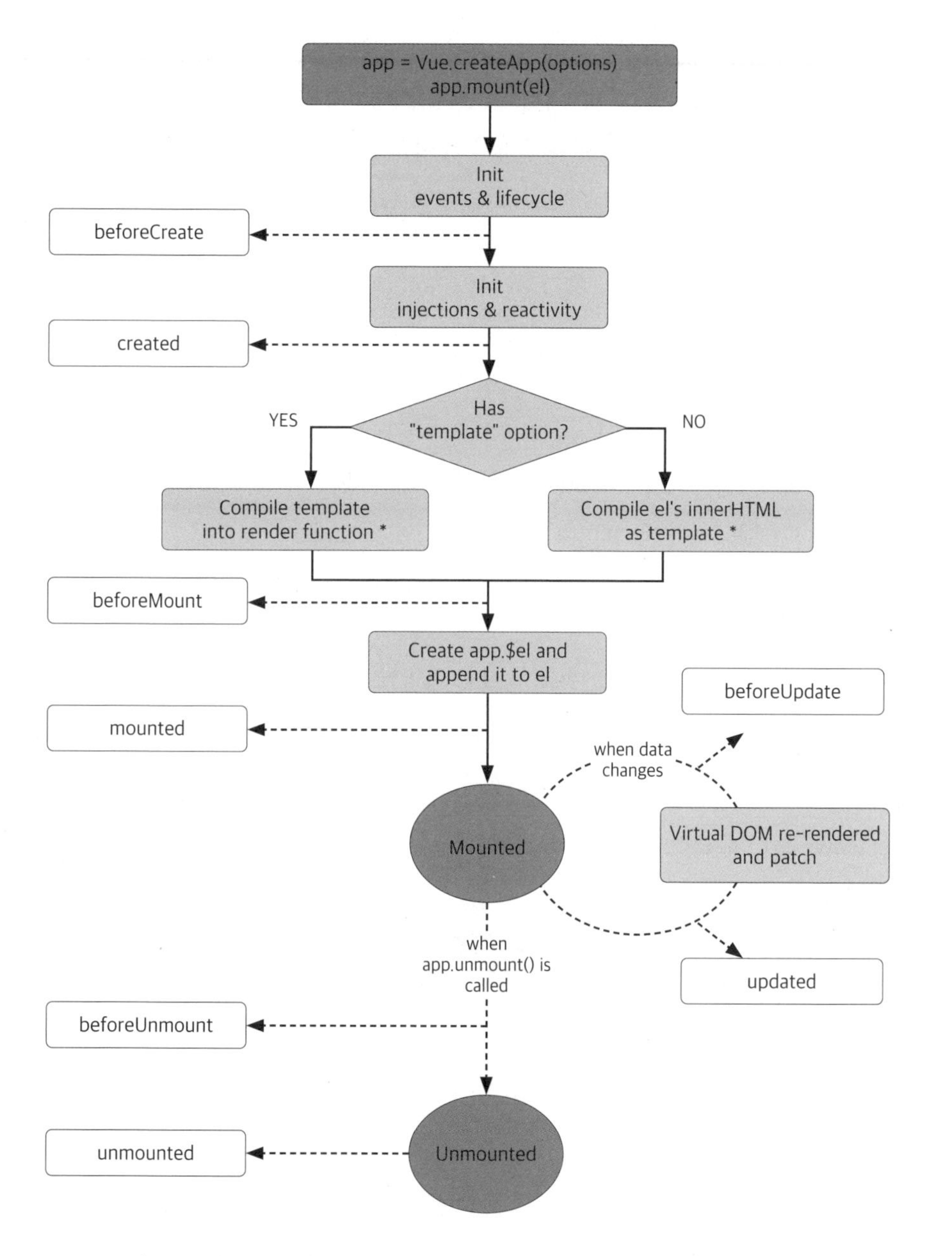

그림 5-4 Lifecycle Hooks 다이어그램

5.3 데이터 바인딩

Vue는 Angular와 마찬가지로 양방향 데이터 바인딩(Two-way data binding)을 지원합니다. 참고로 React는 단방향 데이터 바인딩만을 지원합니다. 여기서 양방향 데이터 바인딩이라는 것은 모델(Model)에서 데이터를 정의한 후 뷰(View)와 연결하면 모델과 뷰 중 어느 한쪽에 변경이 일어났을 때 다른 한쪽에 자동으로 반영되는 것을 의미합니다.

실제 프로젝트 내에서 서버로부터 받아온 데이터를 바인딩 하는 경우는 다음과 같은 경우들은 생각해 볼 수 있습니다.

- 데이터가 html tag 안에 텍스트로 바인딩 되는 경우
- 데이터가 html tag의 속성(attribute)로 바인딩 되는 경우
- 데이터가 html의 Form element의 value에 바인딩 되는 경우
- 다중 데이터가 html의 다중 element를 생성하기 위해서 바인딩 되는 경우

Vue 컴포넌트에서 데이터를 바인딩하는 방법은 바인딩 되는 유형에 따라 적용하는 방식에 조금씩 차이가 있습니다. 지금부터 하나하나씩 차례대로 알아보겠습니다.

src/views 폴더에 DataBinding.vue 파일을 생성하고, DataBinding.vue 파일에 다음과 같은 코드를 작성합니다.

» 파일경로 vue-project/blob/master/src/views/DataBinding.vue

```
<template>
  <h1>Hello, {{title}}!</h1>
</template>

<script>
  export default {
    data() {
      return {
        title: 'World'
      };
    }
```

```
  }
</script>
```

코드를 보면 <template>에는 {{title}}, <script>에는 data() 부분에 title: 'World'라는 코드가 있습니다. data 프로퍼티에 정의된 title이 template의 {{title}}에 바인딩되는 구조입니다. 이렇게 Vue 컴포넌트에서는 data에 정의되는 데이터를 이중 중괄호({{}})을 이용해서 html에 데이터 바인딩할 수 있습니다.

그럼 정상적으로 반영이 되는지 확인하기 위해서 생성한 DataBinding.vue 파일을 라우터에 등록하겠습니다. DataBinding.vue 파일에 대한 접근이 가능하도록 router/index.js에 다음과 같이 추가합니다.

앞으로 나오는 모든 예제는 라우터 router/index.js에 추가하는 과정이 생략되어 있습니다. 브라우저에서 실행하기 위해서 반드시 router/index.js에 다음과 같이 추가해서 사용해야 합니다.

» 파일경로 vue-project/blob/master/src/router/index.js

```
import {
   createRouter,
   createWebHistory
} from 'vue-router'
import Home from '../views/Home.vue'
import DataBinding from '../views/DataBinding.vue'

const routes = [{
      path: '/',
      name: 'Home',
      component: Home
   },
   {
      path: '/about',
      name: 'About',
      // route level code-splitting
      // this generates a separate chunk (about.[hash].js) for this route
      // which is lazy-loaded when the route is visited.
      component: () => import( /* webpackChunkName: "about" */ '../views/
About.vue')
   },
   {
```

```
        path: '/databinding',
        name: 'DataBinding',
        component: DataBinding
    }
]

const router = createRouter({
    history: createWebHistory(process.env.BASE_URL),
    routes
})

export default router
```

App.vue 파일을 열어서 다음과 같이 DataBinding.vue에 대한 링크를 추가합니다.

```
<template>
    <div id="nav">
        <router-link to="/">Home</router-link> |
        <router-link to="/databinding">Data Binding</router-link>
    </div>
    <router-view/>
</template>
```

Vue 프로젝트를 실행시키고 웹 브라우저에서 DataBinding 링크를 클릭해서 DataBinding 화면을 오픈합니다.

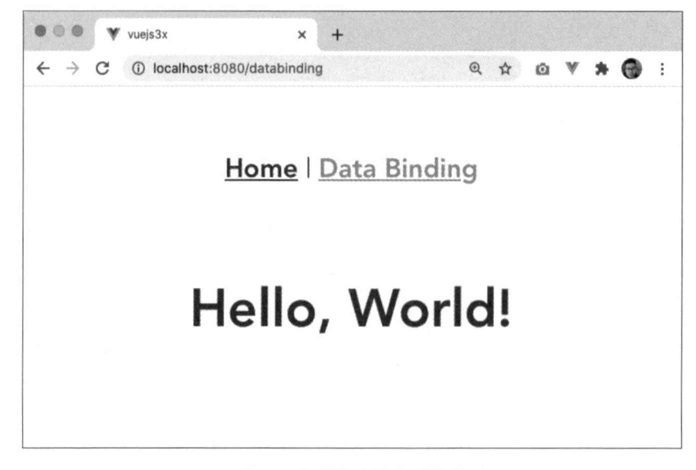

그림 5-5 문자열 바인딩 적용 화면

화면에 data의 title에 설정한 'World'가 html에 반영되어 보이는 것을 확인할 수 있습니다. 이렇게 데이터를 html에 텍스트로 바인딩 시킬 때는 이중 중괄호({{}})를 사용합니다.

그럼 Vue에서 사용되는 데이터 바인딩 문법을 차례대로 알아보겠습니다.

» 5.3.1 문자열 데이터 바인딩

문자열의 경우 앞서 실행한 것처럼, 이중 중괄호를 이용해서 데이터를 바인딩 하면 됩니다.

```
<h1>Hello, {{title}}!</h1>
```

» 5.3.2 raw(원시) HTML 데이터 바인딩

Html 태그를 바인딩 할 때는 문자열을 바인딩 할 때 사용한 이중 중괄호를 이용하면 안 됩니다. 이중 중괄호를 이용해서 바인딩 하면 html 태그가 아니라 문자열, 즉, 텍스트로 인식하게 됩니다.

실제 HTML로 출력되기 위해서는 v-html 디렉티브를 사용해야 합니다.

다음 코드를 보면 이중 중괄호를 사용하는 경우와 v-html 디렉티브를 사용하는 경우의 코드가 있습니다. 참고로 Vue에서 사용하는 디렉티브는 v-로 접두사로 사용합니다.

» 파일경로 vue-project/blob/master/src/views/DataBindingHtml.vue

```
<template>
  <div>
    <div>{{htmlString}}</div>
    <div v-html="htmlString"></div>
  </div>
</template>
<script>
  export default {
```

```
      data() {
        return {
          htmlString: '<p style="color:red;">This is a red string.</p>'
        };
      }
    }
</script>
```

이 코드를 실행하면 다음 화면처럼 html 코드를 하나는 문자열로, 하나는 html로 랜더링 되는 것을 확인할 수 있습니다.

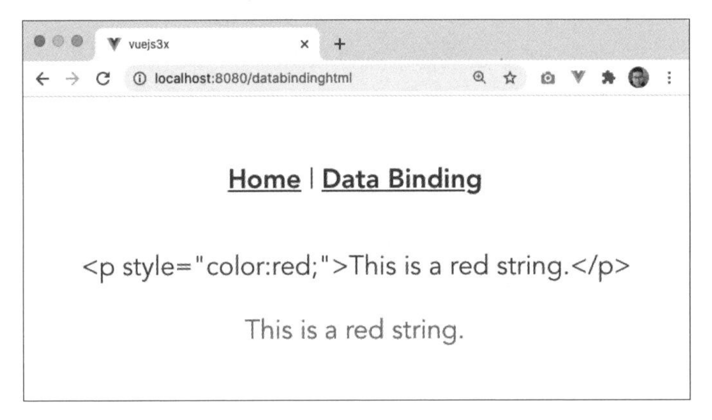

그림 5-6 raw HTML 바인딩 적용 화면

» 5.3.3 Form 입력 데이터 바인딩

웹 페이지에서 사용자로부터 데이터를 입력받을 수 있는 필드를 Form Element라고 합니다. v-model 디렉티브를 사용하여 양방향 데이터 바인딩을 생성할 수 있습니다. 여기서 주의해야 할 점은 v-model은 내부적으로 서로 다른 속성을 사용하고 서로 다른 입력 요소에 대해 서로 다른 이벤트를 전송한다는 것입니다.

» 5.3.3.1 Input type=text

사용자로부터 텍스트를 입력받을 수 있는 input type=text의 경우, 입력받은 텍스트는 value에 저장이 되게 됩니다. Input type=text에서 v-model은 내부적으로 input type=text의 value 속성을 사용하게 됩니다. data()에 정의된 데이터 키명을 v-model에 넣어주면 모델인 data와 뷰인 input type=text의 value 속성이 서로 양방향으로 데이터 바인딩 설정됩니다. 다음 코드를 통해 form element인 input type=text에 대한 양방향 데이터 바인딩을 이해하겠습니다.

» 파일경로 vue-project/blob/master/src/views/DataBindingInputText.vue

```
<template>
  <div>
    <input type="text" v-model="valueModel" />
  </div>
</template>
<script>
  export default {
    data() {
      return {
        valueModel: 'South Korea'
      };
    }
  }
</script>
```

이 코드를 저장하고 실행해 보면 다음과 같이 input type=text 객체의 value에 valueModel의 값인 South Korea에 바인딩 되어서 화면에 나타나는 것을 확인할 수 있습니다.

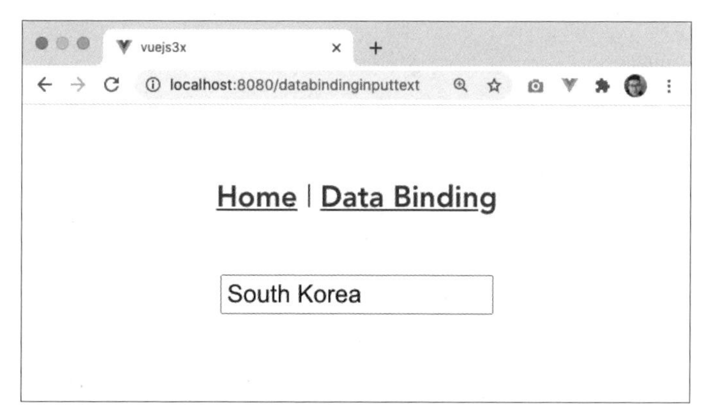

그림 5-7 input type=text 바인딩 적용 화면

모델인 data에서 뷰인 input type=text 객체로 단방향으로 데이터가 바인딩 된 것처럼 보이지만, 실제로는 사용자가 input type=text 객체의 텍스트를 직접 입력하여 변경하면 변경된 데이터를 가져오는 별도의 코드 작성 없이 모델인 data의 valueModel에 사용자가 입력한 텍스트가 그대로 저장이 되게 됩니다. 실제 사용자가 입력한 텍스트가 모델에 바로 반영되는 것은 이벤트 바인딩 챕터 부분에서 확인하겠습니다.

» 5.3.3.2 Input type=number

Input type=number 객체를 사용해서 사용자로부터 입력을 받을 때, 숫자 값을 입력받는 경우가 있습니다. 사용자의 입력 값이, 문자가 아닌 숫자로 바로 처리할 수 있도록 v-model.number 디렉티브를 사용할 수 있습니다.

다음 코드를 통해 확인하겠습니다.

» 파일경로 vue-project/blob/master/src/views/DataBindingInputNumber.vue

```
<template>
  <div>
    <input type="number" v-model.number="numberModel" />
  </div>
</template>
<script>
  export default {
    data() {
    return {
      numberModel: 3
    };
  }
}
</script>
```

코드를 보면 data에 numberModel 키로 숫자 3을 할당했습니다. 그리고 input type=number 객체에 v-model.number="numberModel"로 데이터를 바인딩 했습니다. 이렇게 하면 나중에 프로그램 코드 내에서 사용자가 입력한 값은 문자가 아니라 숫자로 관리가 됩니다.

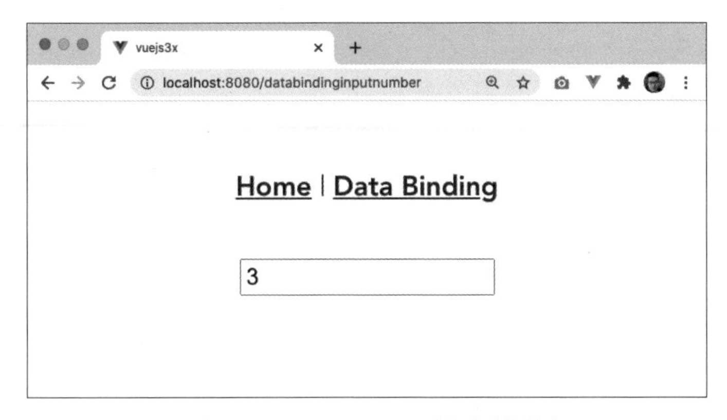

그림 5-8 input type=number 바인딩 적용 화면

» 5.3.3.3 Textarea

textarea의 경우 지금까지 우리가 사용했던 방법으로는 <textarea>텍스트 영역 메시지</textarea> 형태로 사용해왔기 때문에 Vue 컴포넌트에서 역시 <textarea>{{message}}</textarea>로 사용될 거라 생각할 수 있는데, 실제로는 <textarea v-model="message"></textarea>로 사용해야 합니다.

» 파일경로 vue-project/blob/master/src/views/DataBindingTextarea.vue

```
<template>
  <div>
    <textarea v-model="message"></textarea>
  </div>
</template>
<script>
  export default {
    data() {
      return {
        message: "여러 줄을 입력할 수 있는 textarea 입니다."
      };
    }
  }
</script>
```

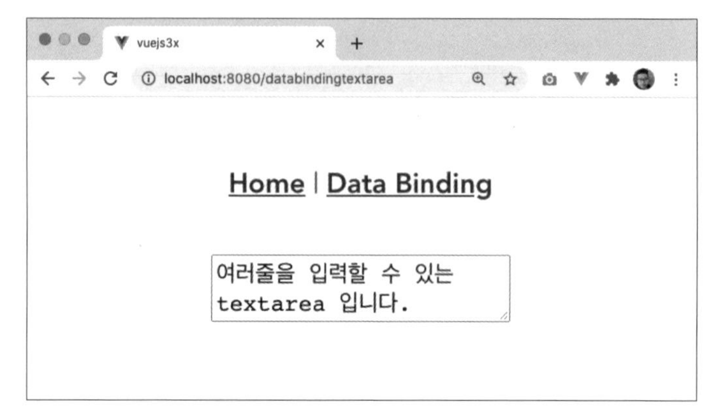

그림 5-9 textarea 바인딩 적용 화면

» 5.3.3.4 Select

Select 객체 역시 input type=text와 동일하게 v-model은 내부적으로 select의 value 속성을 사용해서 양방향 데이터 바인딩을 합니다.

다음 코드를 통해 확인하겠습니다.

» 파일경로 vue-project/blob/master/src/views/DataBindingSelect.vue

```
<template>
  <div>
    <select v-model="city">
      <option value="02">서울</option>
      <option value="21">부산</option>
      <option value="064">제주</option>
    </select>
  </div>
</template>
<script>
  export default {
    data() {
      return {
        city: "064"
      };
    }
  }
</script>
```

Data 프로퍼티의 city에 "064"을 할당했습니다. Select 객체에는 v-model로 data에서 정의한 city로 맵핑했습니다. 이 코드를 실행하면 다음과 같이 select 객체의 초기 값이 064로 설정이 되면서 화면에서는 '제주'가 선택된 상태로 보이게 됩니다.

그림 5-10 Select 바인딩 적용 화면

» 5.3.3.5 체크박스(input type=checkbox)

체크박스의 경우는 input type=text, select와 다르게 v-model은 내부적으로 체크박스의 checked 속성을 사용합니다. 체크박스에서는 v-model이 체크박스의 value 속성이 아닌 checked 속성을 사용하기 때문에 value 속성에 데이터 바인딩을 하려면 v-model이 아닌 v-bind:value을 사용해야 합니다.

» 파일경로 vue-project/blob/master/src/views/DataBindingCheckbox.vue

```
<template>
  <div>
    <label><input type="checkbox" v-model="checked"> {{ checked }}</label>
  </div>
</template>
<script>
  export default {
    data() {
      return {
        checked: true
      };
    }
  }
</script>
```

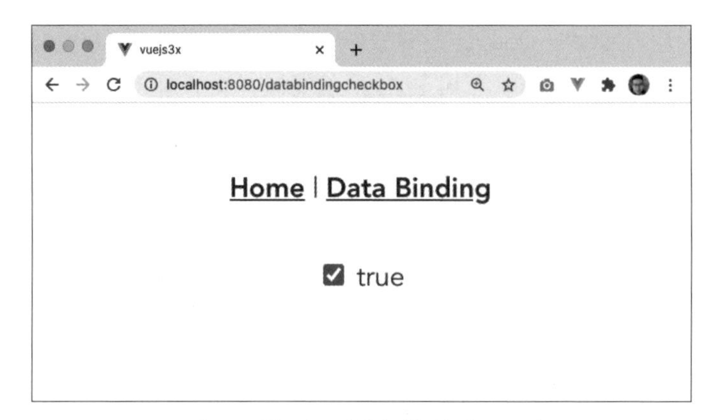

그림 5-11 체크박스 바인딩 적용 화면(checked)

체크박스가 체크 되었을 때의 기본 값은 true이고, 체크가 해제되었을 때 기본 값은 false입니다. 다음 코드를 통해 체크/해제 되었을 때의 기본 값을 변경할 수 있습니다.

```
<label><input type="checkbox" v-model="checked" true-value="yes" false-value="no"> {{
checked }}</label>
```

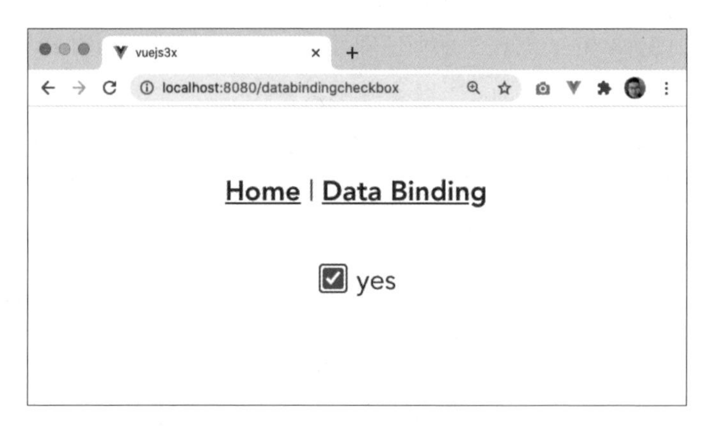

그림 5-12 체크박스 바인딩 적용 화면(true-value)

여러 개의 체크박스를 사용할 때는 배열을 이용해서 데이터를 바인딩해서 한 번에 처리할 수 있습니다.

» 파일경로 vue-project/blob/master/src/views/DataBindingCheckbox2.vue

```
<template>
  <div>
    <label><input type="checkbox" value="서울" v-model="checked"> 서울</label>
    <label><input type="checkbox" value="부산" v-model="checked"> 부산</label>
    <label><input type="checkbox" value="제주" v-model="checked"> 제주</label>
    <br>
    <span>체크한 지역: {{ checked }}</span>
  </div>
</template>
<script>
  export default {
    data() {
      return {
        checked: []
      };
    }
  }
</script>
```

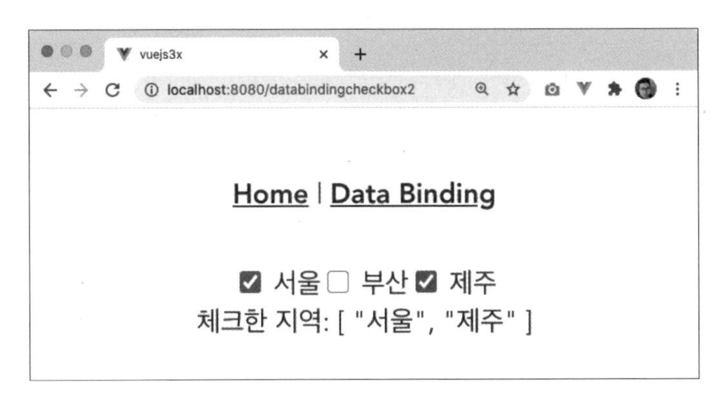

그림 5-13 체크박스 바인딩 적용 화면(배열)

» 5.3.3.6 라디오(input type=radio)

라디오 역시 체크박스와 마찬가지로 v-model은 내부적으로 checked 속성과 바인딩이 이루어집니다. 라디오에서는 v-model이 라디오의 value 속성이 아닌 checked 속성을 사용하기 때문에 value 속성에 데이터 바인딩을 하려면 v-model이 아닌 v-bind:value을 사용해야 합니다.

라디오에서 체크를 하게 되면 체크된 v-bind:value에 연결됩니다.

» 파일경로 vue-project/blob/master/src/views/DataBindingRadio.vue

```
<template>
  <div>
    <label><input type="radio" v-bind:value="radioValue1" v-model="picked">
서울</label>
    <label><input type="radio" v-bind:value="radioValue2" v-model="picked">
부산</label>
    <label><input type="radio" v-bind:value="radioValue3" v-model="picked">
제주</label>
    <br>
    <span>선택한 지역: {{ picked }}</span>
  </div>
</template>
<script>
  export default {
    data() {
      return {
        picked: '',
        radioValue1: '서울',
        radioValue2: '부산',
        radioValue3: '제주',
      };
    }
  }
</script>
```

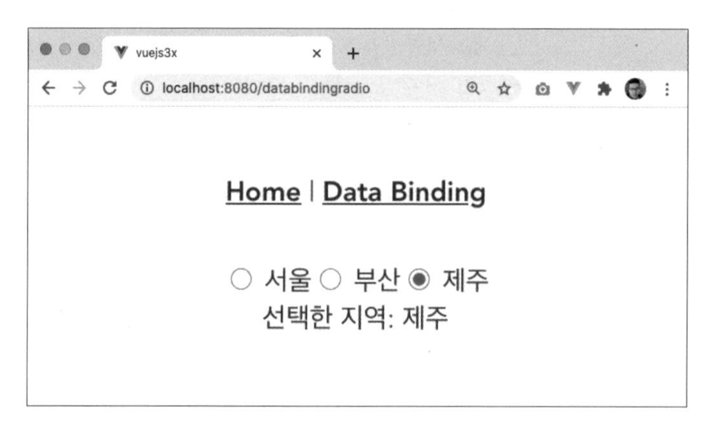

그림 5-14 라디오 바인딩 적용 화면

앞서 살펴본 것과 같이 Form Element에 속하는 객체들은 v-model 디렉티브를 사용해서 양방향 데이터 바인딩 처리를 할 수 있습니다.

» 5.3.4 속성(Attribute)

value을 제외한 HTML 객체의 속성(attribute)에 데이터를 바인딩 하기 위해서 v-bind: 디렉티브를 사용합니다. v-bind: 디렉티브는 v-bind을 생략하고 :(콜론)으로 사용할 수도 있습니다.

실제 개발에서 가장 많이 사용되는 유형을 통해 속성에 데이터를 바인딩 하는 부분을 이해하겠습니다.

» 5.3.4.1 Img 객체의 src

제품 이미지, 사용자 프로필 사진처럼 이미지의 주소를 img 객체의 src에 바인딩해야 하는 경우가 있습니다.

다음 코드를 통해 확인하겠습니다.

» 파일경로 vue-project/blob/master/src/views/DataBindingAttribue.vue

```
<template>
  <div>
    <img v-bind:src="imgSrc" />
  </div>
</template>
<script>
  export default {
    data() {
      return {
        imgSrc: "https://kr.vuejs.org/images/logo.png"
      };
    }
  }
</script>
```

코드를 보시면 data에 정의한 imgSrc를 img 객체의 src 속성에 바인딩했습니다. 컴포넌트를 실행하면 다음과 같이 Vue의 로고가 보이는 것을 확인할 수 있습니다.

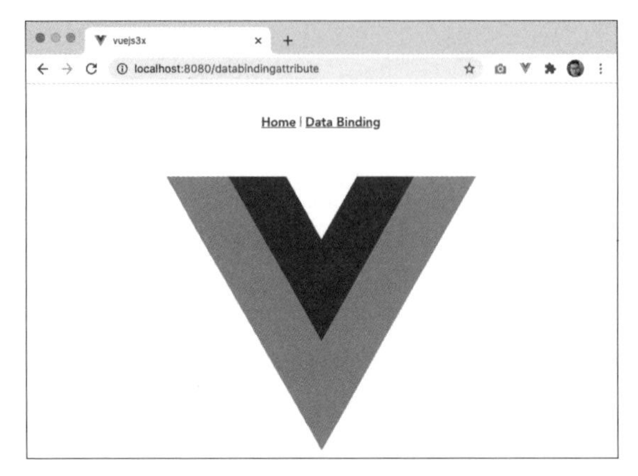

그림 5-15 img 객체의 src 바인딩 적용 화면

» 5.3.4.2 button 객체의 disabled

일반적으로 버튼 객체의 disabled 속성을 활용하지 않는 경우가 많이 있는데요, 경험 많은 개발자일수록 버튼의 disabled 속성을 반드시 활용합니다. 버튼에서 disabled 속성이 true로 되어 있으면 버튼은 비활성화가 되고, 사용자가 클릭을 해도 이벤트가 발생되지 않습니다.

이렇게 버튼에 대한 disabled 속성은 다음과 같은 경우 적용하는 것이 필요합니다. 조회화면에서 조회 조건 중 필수 입력 조건이 모두 입력이 되었을 때 버튼을 활성화합니다. 등록화면에서 필수 입력 조건이 모두 입력이 되었을 때 버튼을 활성화합니다. 권한이 있는 사용자에게만 허용되는 버튼에 대해서 활성화합니다.

데이터 바인딩을 통해 button 객체의 disabled 속성을 제어해보겠습니다.

» 파일경로 vue-project/blob/master/src/views/DataBindingButton.vue

```
<template>
  <div>
    <input type="text" v-model="textValue" />
    <button type="button" v-bind:disabled="textValue==''">Click</button>
```

```
   </div>
</template>
<script>
   export default {
      data() {
         return {
            textValue: ""
         };
      }
   }
</script>
```

예제 코드에서는 input type=text에 데이터가 입력되는 순간, 버튼이 활성화가 됩니다. 즉, v-mode=textValue가 비어 있는 경우는 버튼이 비활성화 되어 있게 됩니다.

» 5.3.5 클래스 바인딩

클래스에 대한 바인딩 처리 시 특이한 점은 반드시 적용해야 하는 클래스는 기존 html에서 사용하는 던 방식처럼 class 속성에 클래스명을 입력하면 되고, 조건에 따라 바인딩할 클래스의 경우는 v-bind:class를 이용해서 추가적으로 정의해서 사용할 수 있다는 것입니다.

다른 속성의 경우 하나의 속성만을 이용해서 바인딩 해야 하지만 클래스의 경우는 기본 클래스와 데이터 바인딩 처리를 하는 클래스를 공존해서 사용할 수 있다는 것입니다.

» 파일경로 vue-project/blob/master/src/views/DataBindingClass.vue

```
<template>
   <div class="container" v-bind:class="{
      'active': isActive, 'text-red': hasError
      }">Class Binding</div>
</template>
<script>
   export default {
      data() {
         return {
```

```
            isActive: true,
            hasError: false
        };
    }
}
</script>
<style scoped>
    container {
        width: 100%;
        height: 200px;
    }
    .active {
        background-color: yellow;
        font-weight: bold;
    }
    .text-red {
        color: red;
    }
</style>
```

클래스 바인딩의 경우 오브젝트 형태로 사용하며, 바인딩할 클래스를 Key로 잡고, 바인딩 여부를 true/false로 지정합니다.

예제 코드의 결과는 class="container active"가 적용됩니다. 여기서 hasError가 true로 바뀌게 되면 class="container active text-red"로 적용됩니다.

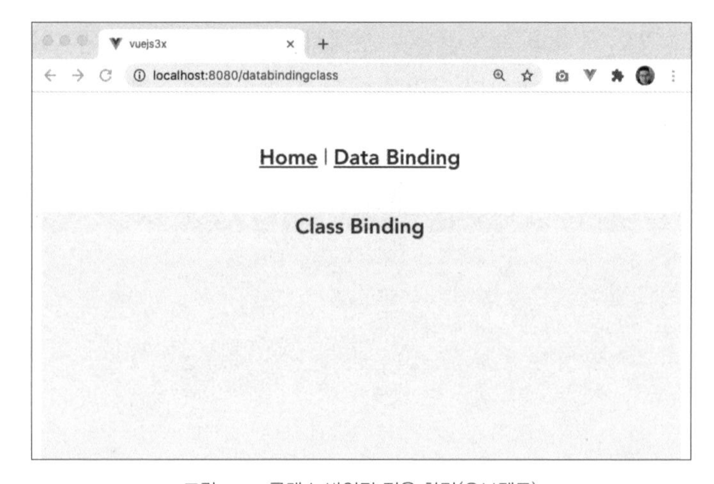

그림 5-16 클래스 바인딩 적용 화면(오브젝트)

다음과 같이 배열을 사용해서 클래스를 바인딩 할 수도 있습니다.

» 파일경로 vue-project/blob/master/src/views/DataBindingClass2.vue

```
<template>
   <div class="container"
      v-bind:class="[activeClass, errorClass]">Class Binding</div>
</template>
<script>
   export default {
   data() {
      return {
            activeClass: 'active',
            errorClass: 'text-red'
         };
      }
   }
</script>
```

배열을 사용한 예제코드의 결과는 class="container active text-red"로 적용이 됩니다. 배열을 사용하는 경우는 특정 조건에 따른 클래스 바인딩 처리를 true/false로 할 수 없습니다.

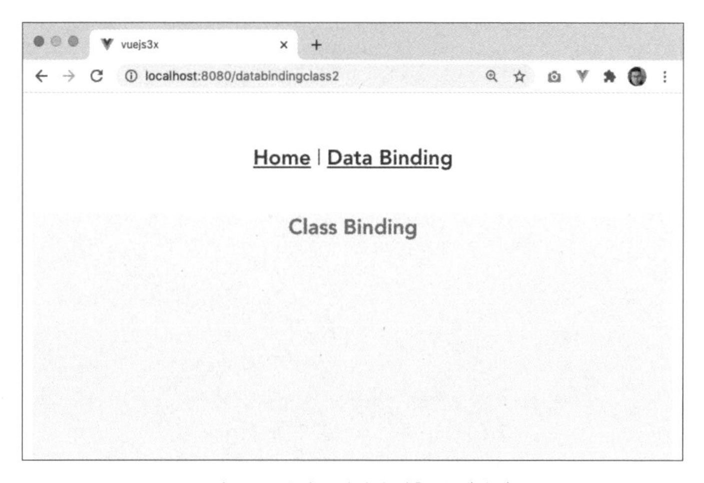

그림 5-17 클래스 바인딩 적용 화면(배열)

» 5.3.6 인라인 스타일 바인딩

인라인 스타일의 경우 데이터를 오브젝트로 선언해서 바인딩할 수 있습니다.

» 파일경로 vue-project/blob/master/src/views/DataBindingStyle.vue

```
<template>
   <div v-bind:style="styleObject">인라인 스타일 바인딩</div>
</template>
<script>
   export default {
      data() {
         return {
            styleObject: {
               color: 'red',
               fontSize: '13px'
            }
         };
      }
   }
</script>
```

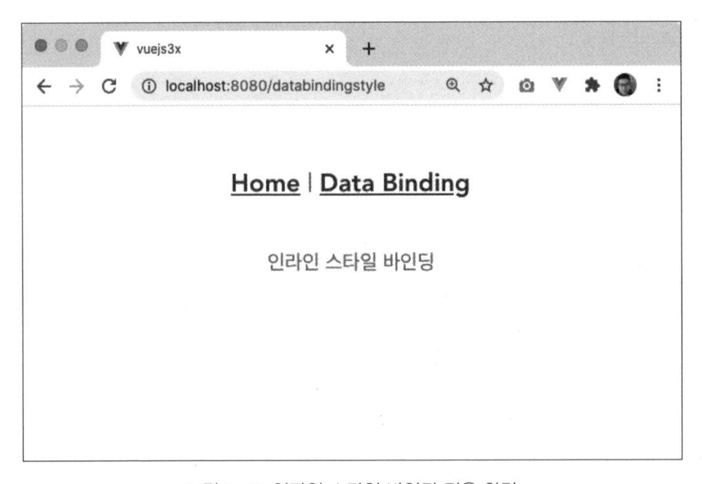

그림 5-18 인라인 스타일 바인딩 적용 화면

인라인 스타일 바인딩 역시 클래스 바인딩처럼, 배열을 이용해서 바인딩 할 수 있습니다.

```
<template>
  <div v-bind:style="[baseStyle, addStyle]">인라인 스타일 바인딩</div>
</template>
<script>
  export default {
    data() {
      return {
        baseStyle: 'background-color:yellow;width:100%;height:200px;',
        addStyle: 'color:red;font-weight:bold;'
      };
    }
  }
</script>
```

5.4 리스트 랜더링(v-for)

실제 개발하다 보면 다중 데이터를 처리해야 할 일이 자주 발생합니다. 주로 많이 사용되는 부분은 select의 option, table의 tr 데이터 등 반복되는 객체를 처리할 때입니다. 여러분이 쇼핑몰에서 보게 되는 제품 리스트처럼 동일한 UI 패턴에 데이터만 다르게 처리되는, 그런 부분들이 다중 데이터를 이용해서 처리되는 부분이라고 생각하시면 됩니다.

배열 데이터는 v-for 디렉티브를 이용해서 바인딩할 수 있습니다. 반복적으로 랜더링 할 html 태그에 v-for 디렉티브를 사용하면 배열에 있는 데이터 수만큼 html 태그를 반복적으로 랜더링 하게 됩니다.

사용 방법은 v-for="(item, index) in items" 형식으로 사용합니다. 여기서 items는 데이터 배열입니다. v-for를 통해 배열을 하나씩 읽어와서 배열의 각 아이템을 item으로, 배열의 현재 index를 index로 반환해 줍니다.

```
<table>
  <thead>
    <tr>
      <th>제품명</th>
      <th>가격</th>
      <th>카테고리</th>
```

```
        <th>배송료</th>
      </tr>
    </thead>
    <tbody>
      <tr v-for="(product,index) in productList">
        <td>{{product.product_name}}</td>
        <td>{{product.price}}</td>
        <td>{{product.category}}</td>
        <td>{{product.delivery_price}}</td>
      </tr>
    </tbody>
</table>
```

전체 코드는 다음과 같습니다.

» 파일경로 vue-project/blob/master/src/views/DataBindingList.vue

```
<template>
  <div>
    <table>
      <thead>
        <tr>
          <th>제품명</th>
          <th>가격</th>
          <th>카테고리</th>
          <th>배송료</th>
        </tr>
      </thead>
      <tbody>
        <tr :key="i" v-for="(product,i) in productList">
          <td>{{product.product_name}}</td>
          <td>{{product.price}}</td>
          <td>{{product.category}}</td>
          <td>{{product.delivery_price}}</td>
        </tr>
      </tbody>
    </table>
  </div>
</template>
<script>
  export default {
    data() {
      return {
        productList: [
          {"product_name":"기계식키보드","price":25000,"category":"노트북/
            태블릿","delivery_price":5000},
```

```
                {"product_name":"무선마우스","price":12000,"category":"노트북/
                  태블릿","delivery_price":5000},
                {"product_name":"아이패드","price":725000,"category":"노트북/
                  태블릿","delivery_price":5000},
                {"product_name":"태블릿거치대","price":32000,"category":"노트북/
                  태블릿","delivery_price":5000},
                {"product_name":"무선충전기","price":42000,"category":"노트북/
                  태블릿","delivery_price":5000}
            ]
        };
    }
}
</script>
<style scoped>
  table {
    font-family: arial, sans-serif;
    border-collapse: collapse;
    width: 100%;
  }
  td, th {
    border: 1px solid #dddddd;
    text-align: left;
    padding: 8px;
  }
</style>
```

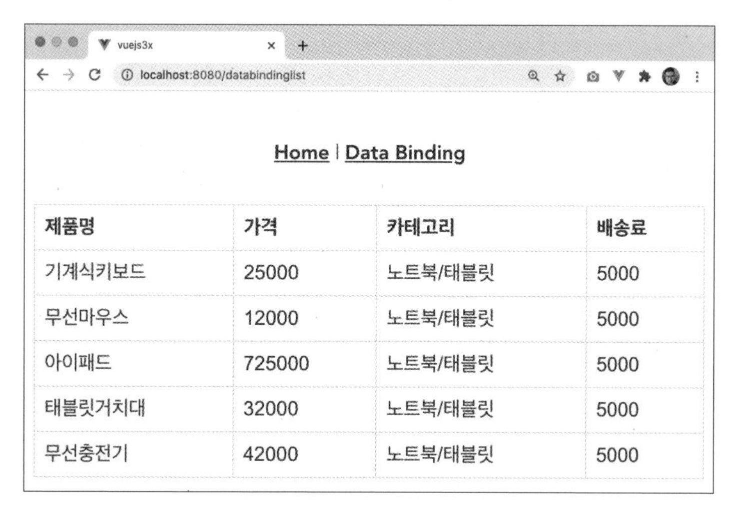

제품명	가격	카테고리	배송료
기계식키보드	25000	노트북/태블릿	5000
무선마우스	12000	노트북/태블릿	5000
아이패드	725000	노트북/태블릿	5000
태블릿거치대	32000	노트북/태블릿	5000
무선충전기	42000	노트북/태블릿	5000

그림 5-19 리스트 랜더링 적용 화면

5.5 랜더링 문법(v-if, v-show)

Vue 컴포넌트에서 조건에 따라 랜더링을 하는 방법은 v-if 디렉티브와 v-show 디렉티브를 사용하는 방법이 있습니다.

» 5.5.1 v-if

v-if 디렉티브 표현식은 다음과 같습니다.

```
<h1 v-if="bRender">bRender가 true이면, h1 블록이 화면에 보이게 됩니다.</h1>
```

⇒ v-if 디렉티브에 true가 리턴이 되면 html 블록이 랜더링 됩니다. 반대로 false인 경우는 화면에 랜더링 되지 않습니다.

v-else 디렉티브를 사용해서 else 표현식을 사용할 수 있습니다.

```
<h1 v-if="bRender">bRender가 true이면, 현재 블록이 화면에 보이게 됩니다.</h1>
<h1 v-else>bRender가 true가 아니면, 현재 블록이 화면에 보이게 됩니다.</h1>
```

⇒ v-else-if 디렉티브를 사용해서 else if 표현식을 사용할 수 있습니다.

» 파일경로 vue-project/blob/master/src/views/RenderingVIf.vue

```
<template>
  <div>
    <h1 v-if="type=='A'">A</h1>
    <h1 v-else-if="type=='B'">B</h1>
    <h1 v-else>C</h1>
  </div>
</template>
<script>
  export default {
    data() {
      return {
        type: 'A'
      };
    }
  }
</script>
```

» 5.5.2 v-show

v-show 디렉티브 표현식은 다음과 같습니다.

```
<h1 v-show="bShow">bShow가 true이면, 현재 블록이 화면에 보이게 됩니다.</h1>
```

» 5.5.3 v-if 와 v-show의 차이점

V-if 와 v-show는 비슷해 보이지만, 내부적으로 랜더링 되는 방식에 큰 차이가 있습니다. v-if의 경우 조건을 만족하면 그 순간에 html 블록이 생성되고, 조건에 만족하지 않으면 html 블록은 삭제가 됩니다.

하지만 v-show의 경우는 조건 만족 여부에 상관없이 무조건 html 블록이 생성되며, 조건을 만족하면 css의 display를 이용해서 화면에 보이게 되고, 조건을 만족하지 않으면 화면에서 숨기도록 처리가 됩니다. 즉, 조건의 만족 여부에 상관없이 무조건 랜더링이 되는 것입니다.

v-if는 해당 블록에 toggle이 일어날 때, v-show보다 더 많은 자원을 사용하게 됩니다. 왜냐하면 v-if는 실제로 해당 블록 전체를 생성했다가 삭제하기 때문입니다.

v-show는 조건 만족 여부에 상관없이 일단 무조건 생성된 후 조건에 따라 보였다, 안 보였다 하는 것이기 때문에, 제일 처음에 조건이 만족하지 않더라도 html 블록을 무조건 생성한다는 단점이 있습니다. 즉, 초기에 무조건 html 블록을 생성하는데 자원을 사용하게 되는 것입니다.

실무 팁

v-if와 v-show을 사용할 때는 해당 html 블록이 화면 내에서 자주 toggle이 일어나면 v-show을 사용하고, toggle이 일어나는 빈도가 작다면 v-if를 사용하는 것이 좋습니다.

5.6 이벤트 처리(v-on)

Vue 컴포넌트에서 이벤트를 처리할 때는 v-on 디렉티브를 사용합니다. v-on 디렉티브는 심볼 @로 사용도 가능합니다. 앞으로 예제에서는 심볼 @를 사용하겠습니다. 가장 기본적인 예제인 버튼에 클릭 이벤트를 추가해 보겠습니다.

» 5.6.1 클릭 이벤트(v-on:click)

클릭 이벤트는 v-on:click="메소드명" 혹은 @click="메소드명"을 사용해서 추가할 수 있습니다.

» 파일경로 vue-project/blob/master/src/views/EventClick.vue

```
<template>
  <div>
    <button type="button" @click="increaseCounter">Add 1</button>
    <p>The counter is : {{counter}} </p>
  </div>
</template>
<script>
  export default {
    data() {
      return {
        counter: 0
      };
    },
    methods: {
      increaseCounter(){
        this.counter = this.counter + 1;
      }
    }
  }
</script>
```

예제 코드에서는 버튼 객체에 클릭 이벤트를 추가하고 클릭이 발생했을 때 메소드인 increaseCounter 함수를 호출하도록 되어 있습니다.

```
<button type="button" @click="increaseCounter">Add 1</button>
```

버튼을 클릭하면 메소드 increaseCounter가 실행됩니다. increaseCounter 함수에는 데이터 변수 counter를 1씩 증가시키는 코드가 작성되어 있습니다.

```
increaseCounter(){
   this.counter = this.counter + 1;
}
```

클릭 이벤트를 통해 지정된 함수로 파라미터를 전달하고 싶다면 다음과 같이 함수 호출 시 파라미터를 설정하면 됩니다.

```
<button type="button" @click="setCount(7)">Set 7</button>
<p>The counter is : {{counter}} </p>

methods: {
   setCount(counter){
      this.counter = counter;
   }
}
```

클릭 이벤트 발생 시 여러 개의 함수를 호출하고 싶다면 다음과 같이 작성합니다.

```
<button type="button" @click="one(), two()">Click</button>

methods: {
   one(){
      alert('One');
   },
   two(){
      alert('Two');
   }
}
```

클릭 이벤트는 여러분이 개발하면서 가장 많이 사용하는 사용자 이벤트입니다. 여러분이 사용하는 메뉴, 링크, 버튼을 눌렀을 때 발생하는 이벤트가 클릭 이벤트입니다.

» 5.6.2 Change 이벤트

Change 이벤트가 가장 많이 사용되는 Html 태그는 select 입니다. 사용자가 select 에서 옵션을 바꿀 때마다 Change 이벤트가 발생합니다.

Change 이벤트는 @change="메소드명"으로 사용합니다.

» 파일경로 vue-project/blob/master/src/views/EventChange.vue

```
<select v-model="selectedValue" @change="changeSelect">
   <option value="서울">서울</option>
   <option value="부산">부산</option>
   <option value="제주">제주</option>
</select>

data() {
   return {
      selectedValue: ''
   };
},
methods: {
   changeSelect(){
      alert(this.selectedValue);
   }
}
```

» 5.6.3 Key 이벤트

Key 이벤트를 사용자가 키보드 자판을 입력할 때 발생하는 이벤트입니다. 네이버에 접속을 하면 화면 최상단에 다음과 같은 검색창이 있습니다. 검색창을 보면 검색조건을 입력하는 입력창이 있고, 그 옆에 조회 버튼이 있습니다.

그림 5-20 네이버 검색화면

여러분은 조회조건을 입력한 후 옆에 있는 조회 버튼을 클릭할 수도 있지만, 아마 대다수는 조회 버튼을 클릭하는 것이 아니라, 키보드 자판에서 엔터키를 입력할 것입니다. 엔터키를 입력하면 조회 버튼을 클릭한 것과 동일하게 검색이 진행되는 것을 여러분은 아주 잘 알고 있습니다.

이때 프로그램 내부적으로 검색조건 입력창에 엔터키가 입력되는지를 계속 감시하다가 엔터키가 입력되면 조회 버튼을 클릭했을 때 호출하는 함수를 동일하게 호출하도록 구현됩니다. 이때 사용되는 것이 Key 이벤트입니다.

Vue에서는 사용자로부터 엔터키가 입력되는지 아주 쉽게 처리할 수 있습니다.

```
<input @keyup.enter="submit" />
```

@keyup.enter 코드만으로 Vue 컴포넌트에서는 사용자의 엔터키 입력을 감지할 수 있습니다. 이외에도 Vue에서는 다음과 같이 자주 사용되는 Key 이벤트를 제공합니다.

- .enter
- .tab
- .delete(키보드에서 Del키, Backspace키)
- .esc
- .space
- .up
- .down
- .left
- .right

Control, Shift, Alt 키와 같이 다른 키와 같이 사용되는 특수 키에 대해서는 다음과 같이 처리할 수 있습니다.

```
<!-- Alt + Enter -->
<input @keyup.alt.enter="clear" />

<!-- Ctrl + Click -->
<div @click.ctrl="doSomething">Do something</div>
```

5.7 computed와 watch

computed와 watch는 둘 다 Vue 인스턴스 내의 정의된 데이터 값에 변경이 일어나는지를 감시하고, 변경될 때마다 정의된 함수가 실행됩니다. 데이터의 값이 변경이 되었는지를 계속 감시한다는 측면에서 computed와 watch는 매우 비슷해 보이지만, 사용되는 용도에는 분명 차이가 있습니다.

» 5.7.1 computed

데이터베이스에 사용자 정보를 저장하고 있고, 사용자의 이름을 first name과 last name으로 구분해서 저장하고 있다고 가정합시다. 그리고 사용자 정보를 가져와서 보여주는 사용자 프로필 화면을 개발하고 있다고 가정합시다. 화면에는 사용자의 이름을 first name과 last name을 합쳐서 보여줘야 합니다. 이때 다음과 같은 2가지 방법으로 구현이 가능합니다.

첫 번째는 문자열 표현식인 이중 중괄호를 사용해서 2개의 데이터 값을 합쳐서 보여줍니다.

```
<h1>{{firstName + ' ' + lastName}}</h1>

data() {
  return {
    firstName: 'Seungwon',
    lastName: 'Go'
  };
}
```

두 번째는 사용자 이름을 합쳐서 반환하는 함수를 만들고, 함수를 호출해서 보여줍니다.

```
<h1>{{getFullName()}}</h1>

methods: {
  getFullName(){
```

```
      return this.firstName + ' ' + this.lastName;
    }
  }
```

만약에 사용자 이름을 한 곳이 아니라 화면 내에서 여러 곳에서 보여줘야 한다고 가정하면 첫 번째 방법과 두 번째 방법 모두 데이터 결합과 함수 호출이라는 연산을 화면에 보여주는 수만큼 해야 합니다.

Computed는 Vue 인스턴스 내에 정의된 데이터 값과 연관된 또 하나의 데이터를 정의해서 사용할 수 있도록 해줍니다. 다음 코드를 보겠습니다.

» 파일경로 vue-project/blob/master/src/views/Computed.vue

```
<template>
  <h1>Full Name : {{fullName}}</h1>
</template>
<script>
  export default {
    data() {
      return {
        firstName: 'Seungwon',
        lastName: 'Go'
      };
    },
    computed: {
      fullName() {
        return this.firstName + ' ' + this.lastName;
      }
    }
  }
</script>
```

Computed 내에 fullName이 정의되어 있고, firstName과 lastName을 합쳐서 반환해주는 함수로 정의되어 있습니다. 여기서 함수명인 fullName은 함수이자 동시에, Vue 인스턴스의 데이터 키 값입니다. 여러분이 firstName, lastName을 Vue 인스턴스의 데이터 값으로 사용하는 것과 동일한 데이터 값으로 선언되는 것입니다.

computed는 데이터 값에 변경이 일어나는지 감시한다고 했습니다. computed로 정의하면 fullName 함수가 실행되어 데이터 fullName에 firstName과 lastName을 합한 값이 할당됩니다. 그리고 firstName 혹은 lastName 값 중 하나라도 변경이 일어나면 fullName 함수가 자동으로 실행되고, fullName 값이 갱신됩니다.

정리해보면 computed에 정의된 fullName은 함수이자 동시에 Vue 인스턴스의 데이터입니다. computed에 정의해서 사용하면 화면 내 여러 곳에서 fullName을 사용하더라도 이에 대한 연산은 한 번밖에 일어나지 않습니다. 문자열 표현식인 이중 중괄호 안에서 2개의 데이터 값을 합하는 연산과 함수로 구현된 연산이 화면에 보이는 수만큼 호출되어 연산을 다시 하는 것과 큰 차이가 있습니다.

또한, 함수를 이용해서 fullName을 계산하는 경우는 firstName 혹은 lastName에 변경이 일어났을 때를 감지할 수 없습니다.

» 5.7.2 watch

Watch 역시 computed처럼 Vue 인스턴스에 정의된 데이터 값이 변경이 일어나는지를 감시하고, 변경이 일어나면 지정된 함수를 실행시킬 수 있습니다. 하지만 computed의 경우는 기존에 정의된 데이터 값을 기반으로 새로운 데이터 값을 활용하기 위해서 사용이 된다면 watch는 watch에 정의된 데이터 값 하나만을 감시하기 위한 용도로 사용됩니다.

또한 watch의 경우는 computed와 다르게 실제 데이터 변경이 일어나기 전까지는 실행되지 않습니다. 즉, 초기에 지정된 값인 firstName과 lastName에 값이 있음에도 불구하고 fullName은 여전히 아무런 값도 할당되지 않습니다. firstName과 lastName의 초기에 할당된 값이 반드시 변경이 일어나야만 watch가 실행됩니다.

watch를 이용해서 computed를 설명할 때 사용한 예제 코드를 구현하겠습니다.

» 파일경로 vue-project/blob/master/src/views/Watch.vue

```
<template>
  <h1>Full Name : {{fullName}}</h1>
</template>
<script>
  export default {
    data() {
      return {
        firstName: 'Seungwon',
        lastName: 'Go',
        fullName: ''
      };
    },
    watch: {
        firstName() {
          this.fullName = this.firstName + ' ' + this.lastName;
      },
      lastName() {
        this.fullName = this.firstName + ' ' + this.lastName;
      }
    }
  }
</script>
```

코드를 실행하면 다음 화면처럼 fullName은 아무것도 출력되지 않습니다.

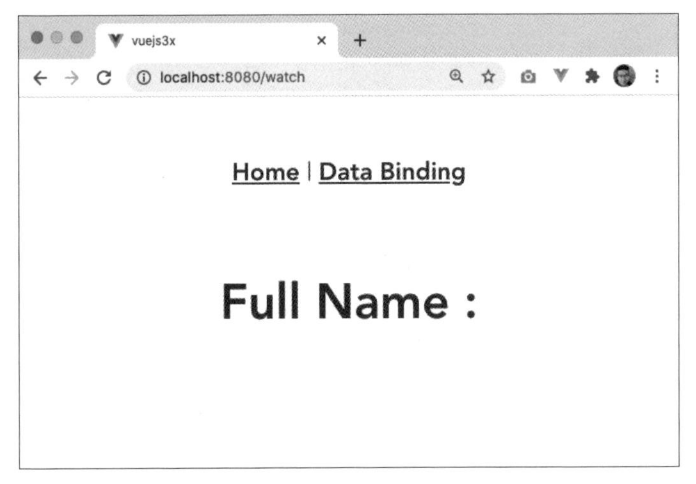

그림 5-21 watch 적용 화면1

버튼을 추가하고 버튼을 클릭하면 firstName 값을 변경해 보겠습니다.

» 파일경로 vue-project/blob/master/src/views/Watch2.vue

```
<template>
  <div>
    <h1>Full Name : {{fullName}}</h1>
    <button type="button" @click="changeName">변경</button>
  </div>
</template>
<script>
  export default {
    data() {
      return {
        firstName: 'Seungwon',
        lastName: 'Go',
        fullName: ''
      };
    },
    watch: {
      firstName() {
        this.fullName = this.firstName + ' ' + this.lastName;
      },
      lastName() {
        this.fullName = this.firstName + ' ' + this.lastName;
      }
    },
    methods: {
      changeName(){
        this.firstName = 'Eunsol';
      }
    }
  }
</script>
```

Vue 컴포넌트를 실행하면 처음에는 Full Name이 보이지 않지만, 버튼을 클릭하면 firstName 변경으로 인해 watch가 실행되고, firstName 함수를 통해 fullName이 갱신됩니다.

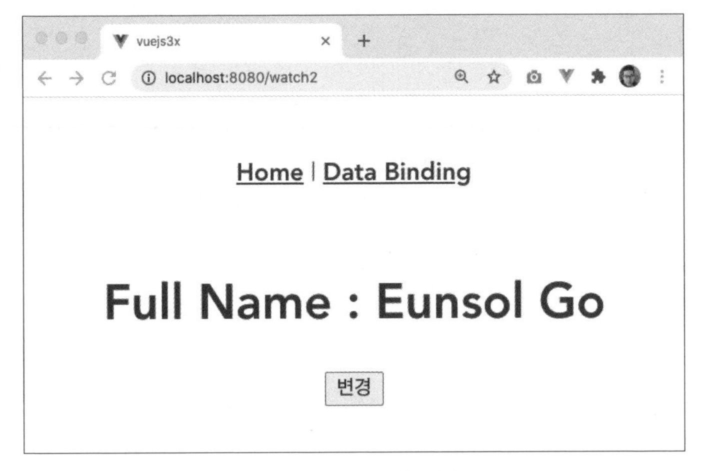

그림 5-22 watch 적용 화면2

이와 같이 computed는 정의된 데이터 값을 바탕으로 새로운 데이터 값을 생성하고, 새로운 데이터 값에서 참조하고 있는 기존 데이터 값의 변경을 감지합니다. 그리고 참조하고 있는 데이터 값의 변경과 상관없이 최초에 computed에 정의된 데이터 함수를 실행합니다.

watch는 초기에 할당된 값에서 변경이 일어나야 watch에 정의한 함수를 실행한다는 차이가 있습니다.

여기까지 잘 따라오셨다면 뷰 컴포넌트 개발을 위한 기본을 다지게 된 것입니다. 우리가 실제 프로젝트를 진행을 한다면 앞서 살펴본 데이터 바인딩 예제처럼, 하드코딩된 데이터를 이용하지 않을 것입니다. 데이터를 클라이언트에서 서버로 호출하고, 이에 대한 응답 데이터를 이용해서 화면을 구성할 것입니다.

이 책에서는 서버를 다루지 않지만, 여러분이 서버로 데이터를 어떻게 호출하고 받아와서 컴포넌트에서 어떻게 사용할 수 있을지에 대해서 알려드리기 위해서 가짜 서버를 만들 것입니다.

Vue.js 프로젝트 투입 일주일 전

CHAPTER 6 ▼

Mock 서버 준비하기

chapter 6

Mock 서버 준비하기

이번 챕터에서는 Postman를 설치하고, Postman의 Mock 서버를 생성하여 서버 환경이 준비되어 있지 않더라도 효율적으로 프론트엔드 개발을 진행하기 위한 방법 중 하나인 Mock(가짜) 서버를 사용하는 방법에 대해서 알아봅니다.

Mock 서버란 실제 서버처럼 클라이언트로부터 요청을 받으면 응답하는 가짜 서버를 말합니다. 실제 프로젝트에서는 모든 데이터를 서버로부터 받아오기 때문에 다음 챕터에서 배우게 될 '데이터 바인딩' 이전에 가짜 서버인 Mock 서버를 준비해서 실제처럼 api를 호출해서 데이터를 받아와서 Vue에서 사용하겠습니다.

Mock 서버를 준비하기 위해서 먼저 Postman이란 툴을 설치하겠습니다. Postman은 API 개발을 위한 협업 플랫폼입니다. 개발된 API를 테스트, 모니터링, 공유와 같은 API 개발의 생산성을 높여주는 플랫폼입니다. 일반적으로 Postman은 개발된 API가 제대로 동작하는지 테스트 용도로 많이 사용되는데, 이렇게 API를 테스트하는 용도 외에도 매우 많은 기능을 제공합니다. Postman에서 제공하는 아주 유용한 기능 하나가 바로 Mock 서버입니다.

실무 팁

프로젝트를 성공적으로 진행하기 위해서는 프로젝트 협업 시 팀원들 간에 낭비되는 시간을 최대한 줄여야 합니다. 특히 프론트엔드 개발자는 서버 개발자로부터 데이터 통신을 위한 API를 제공받아야 프론트엔드 프로그램을 완성할 수 있습니다. 대다수의 경우, 서버 프로그램이 제때 제공되지 않아, 프론트엔드 개발자가 서버 프로그램이 완성되기를 기다리는 상황이 많이 발생합니다. 협업에서의 시간적인 낭비를 줄이기 위해서 Mock 서버를 활용하는 것은 매우 유용합니다.

기획자 혹은 컨설턴트가 구현해야 하는 화면에 대한 데이터를 정의하면, 화면에서 사용되는 데이터 샘플을 엑셀파일로 만들고, 이를 JSON 형태로 변환해서 서버 개발자와 프론트엔드 개발자에게 전달하면 작업 효율을 매우 높일 수 있습니다. (엑셀 데이터를 JSON 형태로 바로 변환해 주는 온라인 서비스를 이용합니다.) 서버 개발자는 제공받은 데이터세트를 기반으로 서버 프로그램을 작성하고, 데이터 통신을 위한 API를 작성하기 수월해집니다. 프론트엔드 개발자는 제공받은 데이터세트를 Mock 서버에 등록한 후 프론트엔드 프로그램 개발을 지체 없이 진행할 수 있습니다. 나중에 서버 프로그램이 개발 완료되면, 데이터세트에 대한 endpoint를 서버 프로그램 주소를 변경만 하면 되기 때문에 프로젝트 진행 시 조금의 시간 낭비 없이 빠르게 개발을 완료해 나갈 수 있게 됩니다.

6.1 Postman 설치

먼저 Postman을 설치하겠습니다.

01 공식 홈페이지(https://www.postman.com/download)에서 설치 파일을 다운로드합니다.

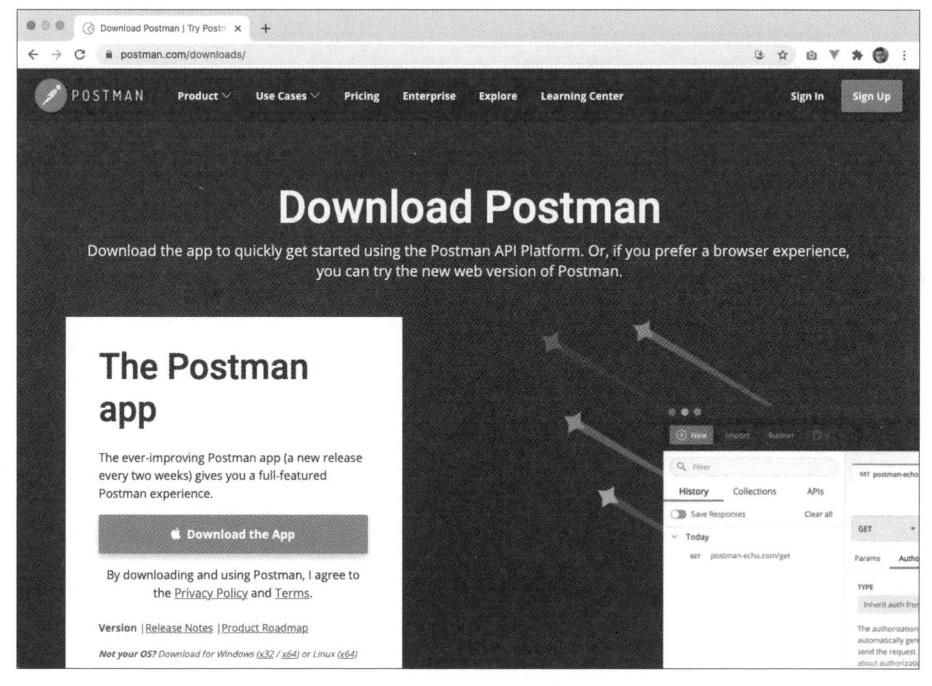

그림 6-1 Postman 설치 파일 다운로드 사이트

02 Create New 메뉴를 클릭하여 화면과 같은 팝업이 나타나면 Mock Server를 클릭합니다.

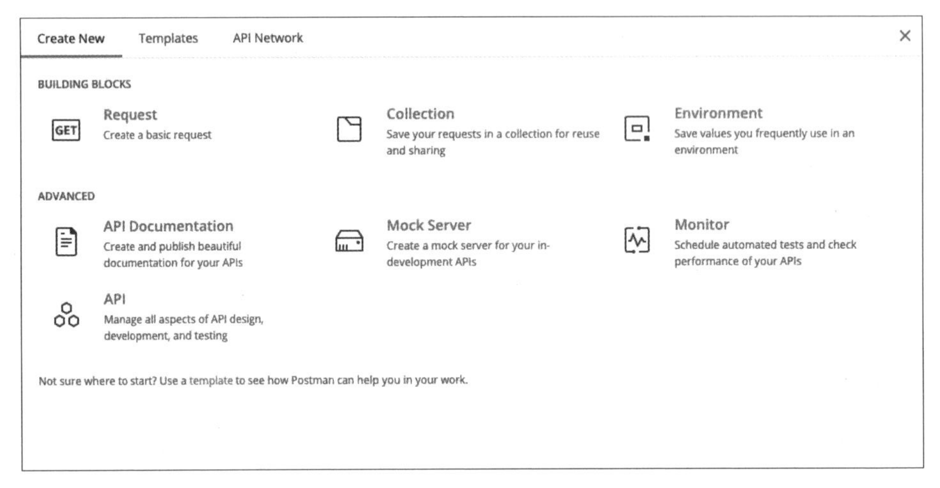

그림 6-2 Mock 서버 생성(Create New)

03 Create a new API가 활성화 되고, Request Path에 'test'라고 입력하여 path를 설정합니다. Request Path를 입력하면 Next 버튼이 활성화됩니다. Next 버튼을 클릭합니다.

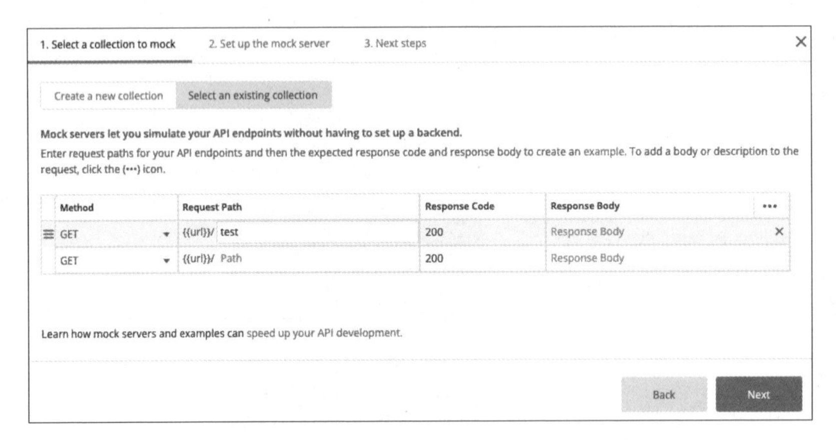

그림 6-3 Mock 서버 생성(Select a collection to mock)

path는 언제든지 추가/수정/삭제가 가능합니다.

04 Mock 서버의 이름을 입력합니다.

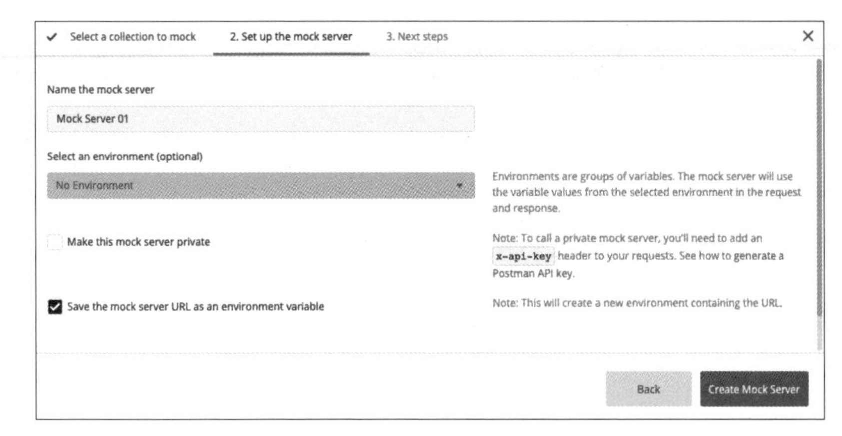

그림 6-4 Mock 서버 생성(Set up the mock server)

서버 이름을 입력하면 하단의 Create 버튼이 활성화됩니다.

05 Create Mock Server 버튼을 클릭하면 Mock 서버가 생성됩니다.

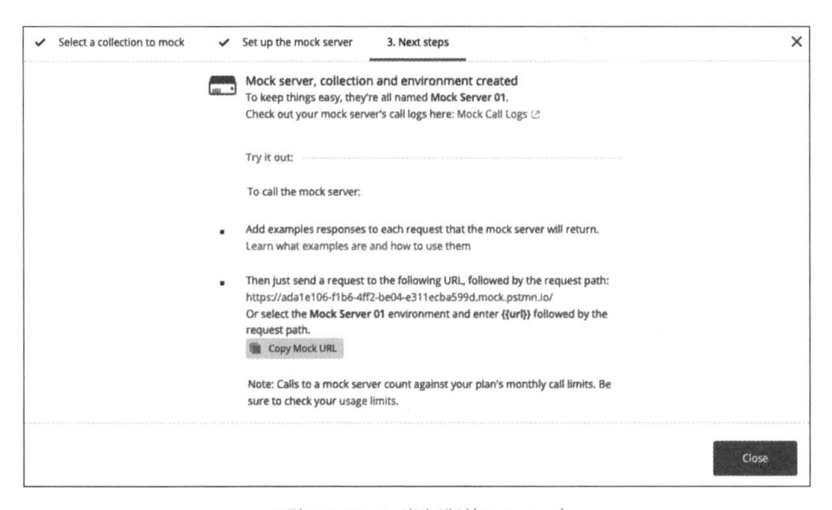

그림 6-5 Mock 서버 생성(Next steps)

서버가 생성되면 다음과 같은 화면을 볼 수 있습니다. 여기서 Send a request to this mock URL이 나중에 우리가 Vue 컴포넌트에서 호출하게 될 서버 URL입니다.

06 Close 버튼을 클릭해서 창을 닫습니다.

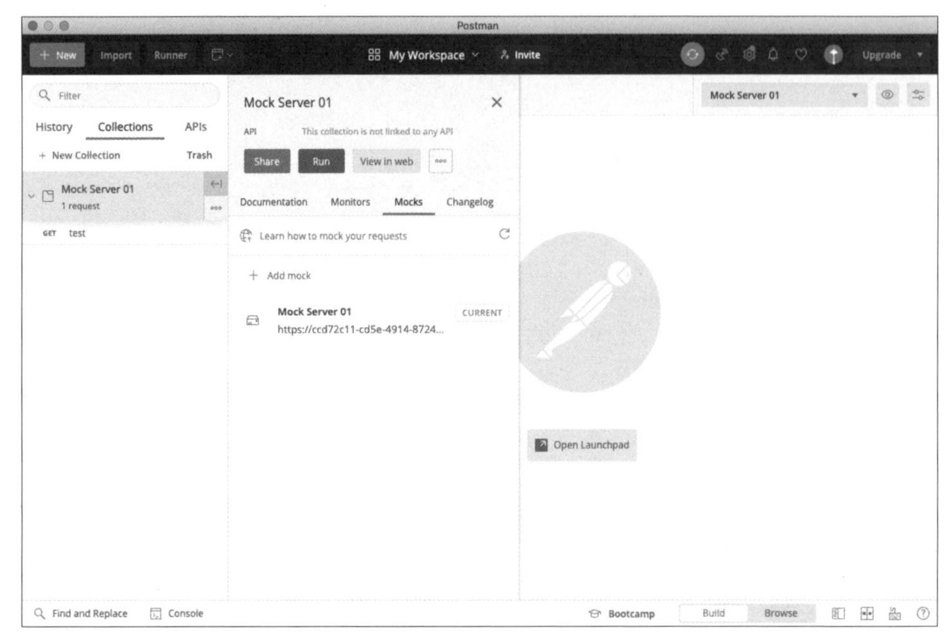

그림 6-6 Mock 서버 생성 완료

Postman의 기본 화면에서 왼쪽 탭에서 Collections 탭에 우리가 생성한 Mock 서버의 이름과 동일한 Collection이 만들어진 것을 확인할 수 있습니다. Collection 안에 우리가 입력한 Request Path가 등록되어 있습니다.

책에서는 Request Path를 'test'로 생성했습니다. Request Path를 선택하면 오른쪽 패널에 API를 구성할 수 있도록 선택된 Path가 열리게 됩니다.

07 오른쪽 상단의 'No Environment'라고 보이는 콤보 박스를 선택하고, 앞서 생성한 Mock 서버를 선택합니다.

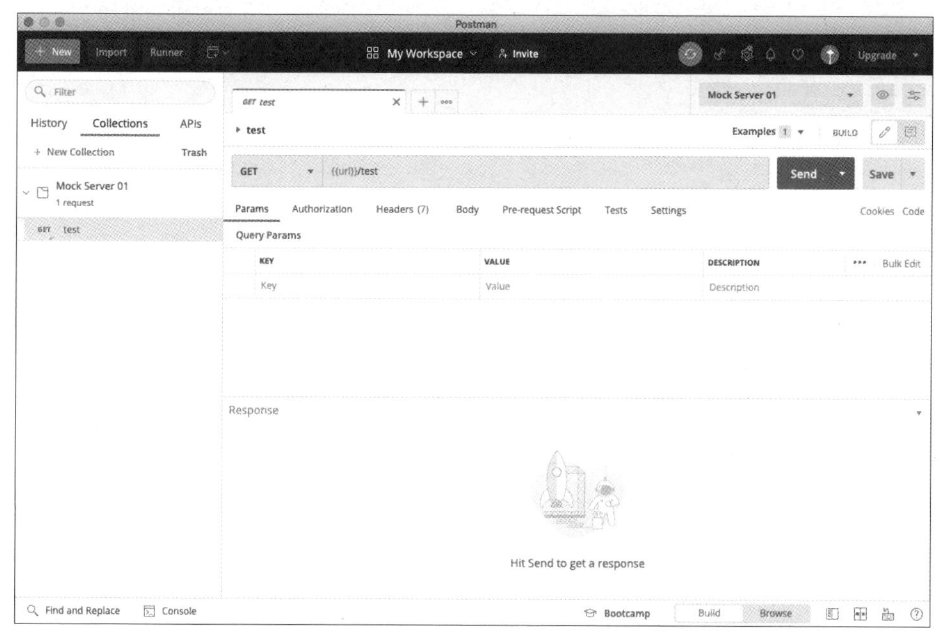

그림 6-7 Request Path 선택 화면

API를 구성하기 전에 Mock 서버를 선택합니다. 이렇게 해야 Vue 컴포넌트에서 호출했을 때 실행됩니다.

Vue 컴포넌트에서 /test/ 패스로 호출했을 때 반환해 줄 데이터를 설정합니다. 오른쪽 상단에 Examples(1)이라고 보이는 부분을 클릭하고 Default를 선택합니다.

6.3 API 반환 데이터 설정

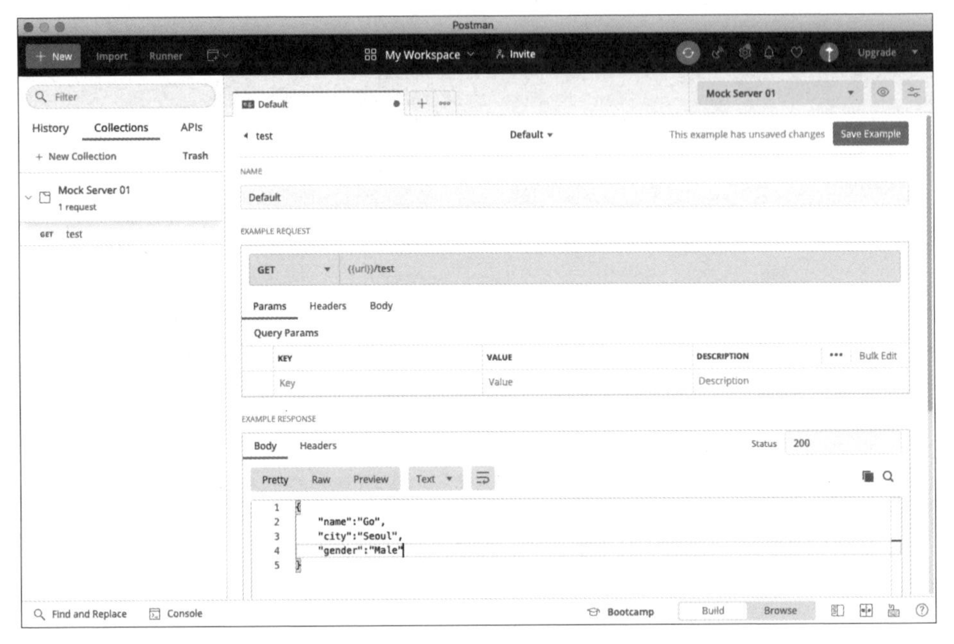

그림 6-8 Mock 서버 API에 샘플 데이터 추가

Body 부분을 원하는 데이터 포맷으로 작성해서 저장하면 하나의 테스트 API가 완성됩니다. 책에서는 JSON 포맷을 선택하고 {"name":"Go", "city":"Seoul", "gender":"Male"}를 입력한 다음 Save Example 버튼을 클릭해서 저장했습니다.

같은 방법으로 생성된 Mock 서버 내에 API를 추가할 수 있습니다. 지금 우리가 Mock 서버를 준비하는 이유는 앞으로 우리가 배우게 될 Vue 컴포넌트의 데이터 바인딩에 대해서 배울 때 실제 서버를 호출하는 것과 동일한 환경으로 Mock 서버의 API를 호출해서 받아온 데이터를 Vue에서 사용하기 위해서입니다.

API를 모두 추가했다면 좌측 패널이 Mock 서버 이름인 Mock Server 01에 마우스를 올려놓으면 Mock 서버 이름 우측 버튼이 활성화가 되고 버튼을 클릭하면 다음과 같은 화면이 나타납니다.

08 Run 버튼을 클릭합니다.

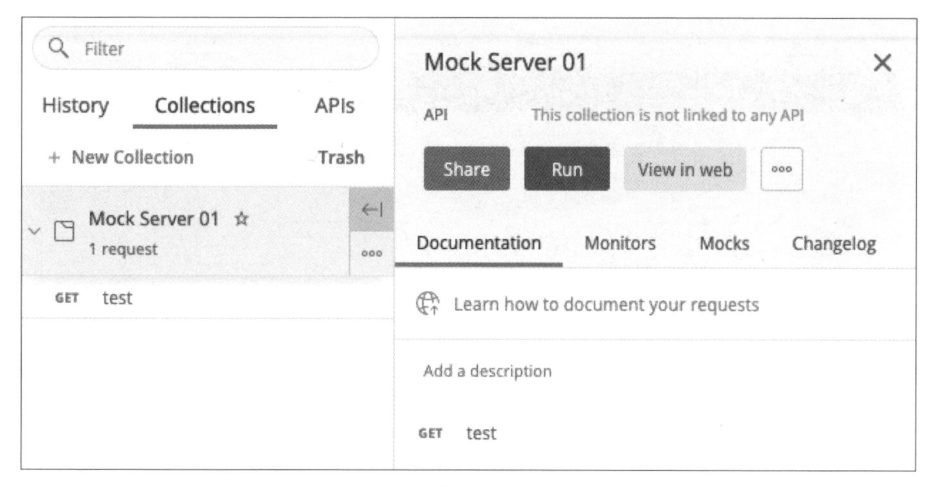

그림 6-9 Mock 서버 실행1

Run 버튼을 클릭하면 팝업 창에서 선택한 Mock 서버에 대한 Collection Runner가 보이게 됩니다.

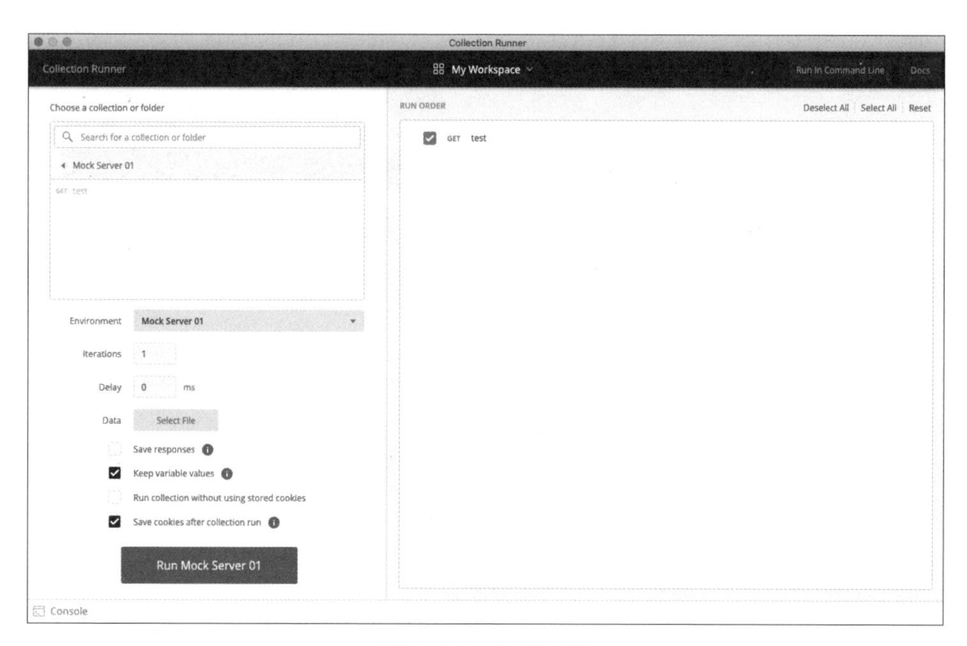

그림 6-10 Mock 서버 실행2

Run Mock Server 01(Mock 서버 이름)을 클릭하면 Mock 서버가 실행됩니다. 이제 앞으로 구현할 Vue 컴포넌트에서 Mock 서버의 API를 호출할 수 있습니다.

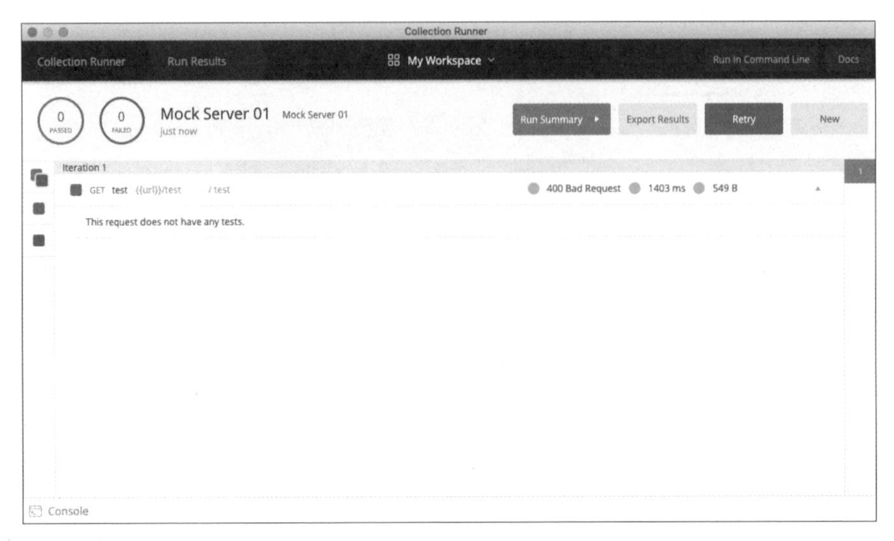

그림 6-11 Mock 서버 실행 상태 확인

Mock 서버에 추가한 각 API에 대한 호출 url은 Collection Runner의 하단의 Console 창을 클릭하면 확인할 수 있습니다.

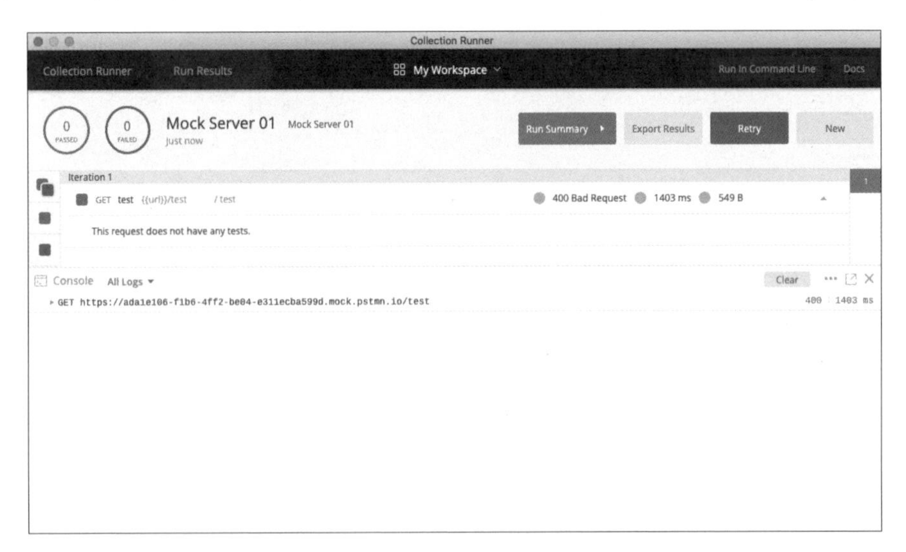

그림 6-12 Mock 서버 API 호출 url 확인

Mock 서버를 어떻게 구성하는지 알았다면 이제 본격적으로 Vue 컴포넌트에서 호출해서 사용해 보겠습니다.

Vue.js 프로젝트 투입 일주일 전

CHAPTER 7

서버 데이터 바인딩 실습

서버 데이터 바인딩 실습

이번 챕터에서는 Mock 서버에 API를 생성하고 테스트 데이터를 등록하는 방법과 Vue 컴포넌트에서 Mock 서버에 등록한 API를 호출하여 서버 데이터를 바인딩 하는 방법에 대해서 알아봅니다. 이 과정을 통해 실제 서버와 통신을 위한 동일한 환경의 프로그래밍 코드를 작성하는 방법에 대해서 익히게 됩니다.

7.1 서버와의 데이터 통신을 위한 API 호출 메소드 만들기

실제 프로젝트에서 모든 데이터를 서버로부터 가져오게 되고, 사용자의 인터랙션을 통해 발생한 데이터는 서버로 보내서 데이터베이스에 저장해야 합니다.

Vue 프로젝트에서 서버와의 통신을 위해 가장 많이 사용하는 패키지 중 하나인 Axios를 이용해서 API 호출 메소드를 개발해서 앞으로 구현하게 되는 모든 Vue 컴포넌트에서 사용할 수 있도록 전역 메소드로 등록을 하겠습니다.

여러분이 개인이 아닌 팀으로 프로젝트를 진행한다면 지금부터 구현하게 되는 API 호출 메소드는 팀의 개발 리더가 작성하게 될 확률이 매우 높습니다. 개발 리더는 프로젝트에서 사용될 공통 기능에 해당하는 메소드를 구현해서 팀원들이 사용할 수 있도록 제공할 것이기 때문입니다.

» 7.1.1 Axios란?

Axios는 서버와 데이터를 송수신 할 수 있는 HTTP 비동기 통신 라이브러리입니다. Vue.js 개발 시 서버와 통신을 위해 가장 많이 사용되고 있는 라이브러리이며,

Promise 객체 형태로 값을 return합니다. 자바스크립트의 내장 함수인 Fetch와 달리 구형 브라우저도 지원하고, 응답 시간 설정을 통해 네트워크에 에러가 발생했을 때 정해진 응답 시간을 초과 하면 해당 요청을 종료시킬 수 있다는 장점을 가지고 있습니다.

» 7.1.2 Axios 설치

터미널에서 다음 명령어를 통해 설치합니다.

```
npm install axios --save
```

» 7.1.3 Axios 사용법

Axios에서 제공하는 request methods는 다음과 같습니다.

- axios.request(config)
- axios.get(url[, config])
- axios.delete(url[, config])
- axios.head(url[, config])
- axios.options(url[, config])
- axios.post(url[, data[, config]])
- axios.put(url[, data[, config]])
- axios.patch(url[, data[, config]])

request methods를 여러 가지로 제공하는 이유는 서버와 통신 시 현재 통신하는 목적이 무엇인지 명확하게 전달하기 위해서입니다. 예를 들어 axios.delete는 삭제를 목적으로, axios.get은 조회를 목적으로 http 통신하는 것을 서버에 알려줍니다.

서버에서는 클라이언트로부터 요청이 왔을 때, get인지, delete인지, post인지, put인지 그 요청 유형에 따른 응답 프로그램을 구현할 수 있습니다.

» 7.1.4 믹스인(Mixins) 파일 생성

프로젝트를 개발하다 보면 다수의 컴포넌트에서 공통으로 사용하는 함수를 구현할 필요가 있습니다. Vue.js에서는 mixins을 통해 공통 함수를 구현해서 사용할 수 있습니다.

mixins를 통해 공통 함수를 만드는 이유는 공통 함수를 구현해서 각각의 컴포넌트에서 호출해서 사용하는 방식이 효율적이기 때문입니다. 각 컴포넌트에서 함수를 별도로 구현했다면 프로그램 내부의 비즈로직 변경 혹은 에러 수정 같은 변경사항이 발생했을 때 각각의 컴포넌트 내에 정의된 함수를 전체를 찾아서 바꿔야 하는 위험성이 있을 수 있습니다.

Vue가 아니더라도 프로그래밍을 할 때는 이렇게 여러 곳에서 사용할 수 있는 함수를 공통 함수로 개발해서 호출하는 방식으로 프로젝트를 구성하게 됩니다.

앞서 Mock 서버를 만들었습니다. Mock 서버의 API를 호출하는 함수를 구현해서 mixins에 등록하겠습니다. 데이터에 대한 조회/수정/삭제/생성은 프로젝트 전반에 걸쳐서 대다수의 컴포넌트에서 사용하게 되는 공통 함수이므로 mixins에 등록해서 사용해야 합니다.

믹스인에 대한 자세한 설명은 이후에 나오는 믹스인(Mixins) 챕터에서 다룰 것이며, 여기서는 mixins.js 파일을 일단 생성하겠습니다.

» 파일경로 vue-project/blob/master/src/mixins.js

```
import axios from 'axios';

export default {
   methods: {
      async $api(url, method, data) {
         return (await axios({
            method: method,
            url,
            data
         }).catch(e => {
            console.log(e);
         })).data;
      }
   }
}
```

생성된 mixins 파일을 Vue 컴포넌트에서 사용하기 위해서는 main.js에 등록해 주어야 합니다. 이 부분 역시 이후에 나올 믹스인(mixins) 챕터에서 구체적으로 다루도록 하겠습니다. 여기서는 일단 main.js 파일을 열고 다음과 같이 mixins 파일을 사용할 수 있도록 추가합니다.

» 파일경로 vue-project/blob/master/src/main.js

```
import {
   createApp
} from 'vue'
import App from './App.vue'
import router from './router'
import mixins from './mixins'

const app = createApp(App)
app.use(router)
app.mixin(mixins);
app.mount('#app')
```

7.2 서버 데이터 랜더링

앞서 Postman에서 Mock 서버를 만들었습니다. 이번에는 우리가 만든 Mock 서버를 호출해서, 받아온 데이터를 통해 바인딩 처리하겠습니다. 먼저 테스트로 사용할 데이터를 Mock 서버에 등록합니다.

» 7.2.1 Mock 서버에 API 등록하기

Postman을 실행하고 좌측 패널의 Collections 탭에서 Mock 서버에 마우스를 올리면 더보기(◌◌◌) 버튼이 보입니다.

01 더보기 버튼(◌◌◌)을 클릭한 다음 Add Request를 클릭합니다.

책에서는 서버 이름을 'Mock Server 01'로 했습니다.

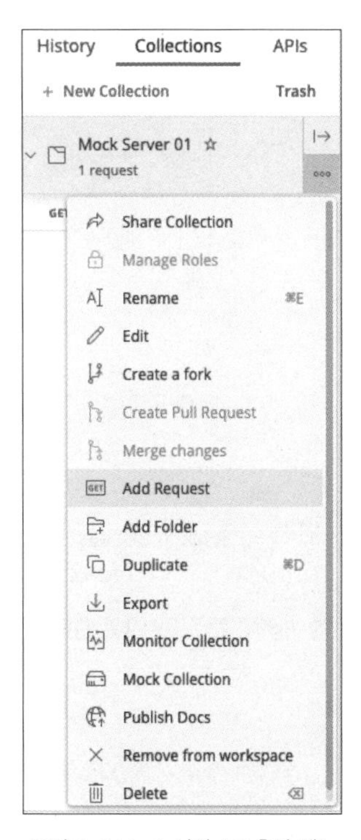

그림 7-1 Mock 서버 API 추가 메뉴

02 Request name에 'list'를 입력하고 Save to Mock Server 01 버튼을 클릭합니다.

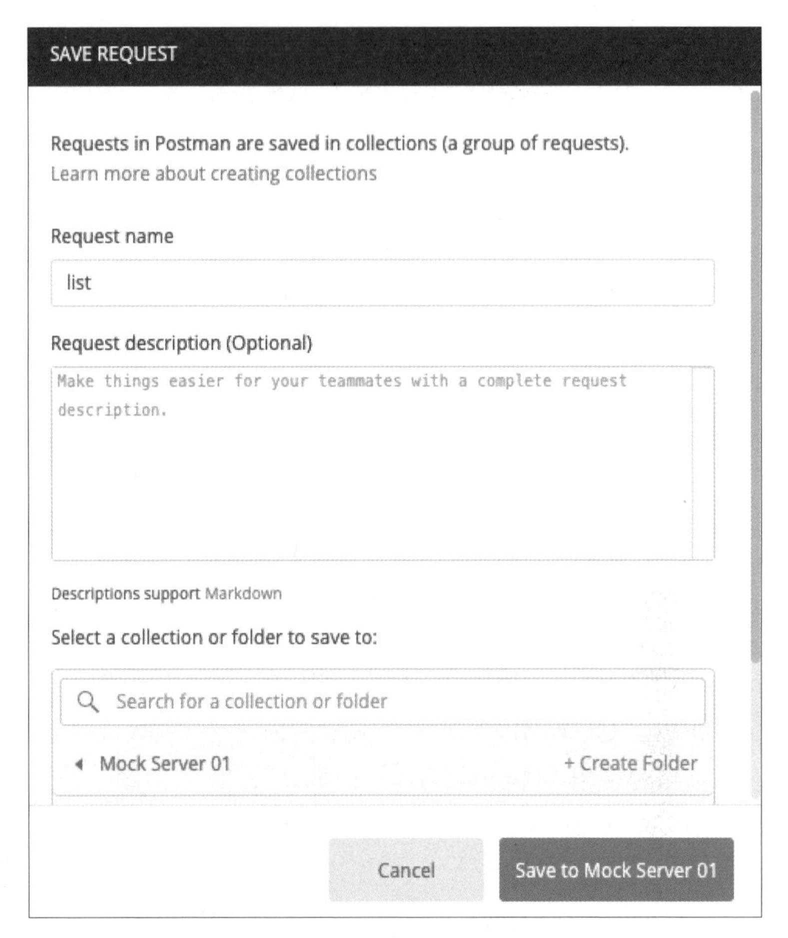

그림 7-2 Mock 서버 API 저장

좌측의 Mock Server 01 하위에 'list'라는 이름으로 API가 추가되었습니다.

03 list를 클릭한 다음 GET을 선택합니다. 패스에는 '{{url}}/list'를 입력합니다.

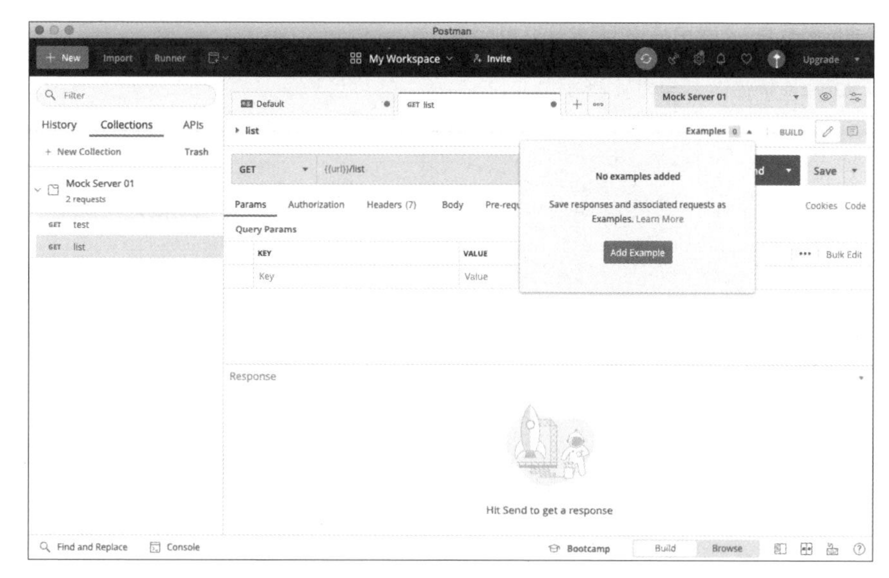

그림 7-3 Mock 서버 API Example 추가

04 우측 패널의 Examples을 클릭하고 Add Example 버튼을 클릭합니다.

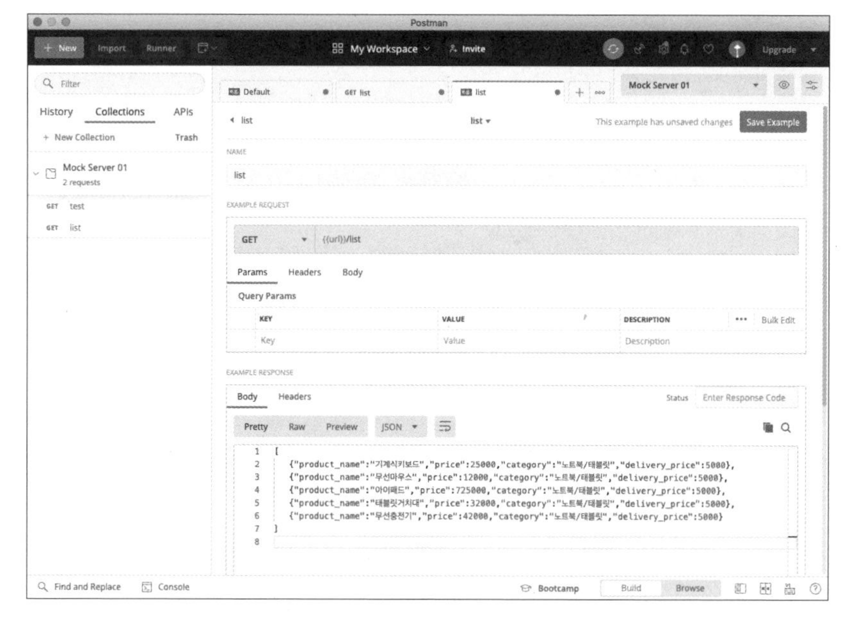

그림 7-4 Mock 서버 API 데이터 저장

05 EXAMPLE RESPONSE에 JSON을 선택하고 다음과 같이 데이터 배열을 등록한 후 Save Example 버튼을 클릭해서 저장합니다.

```
[
   {"product_name":"기계식키보드","price":25000,"category":"노트북/태블릿",
"delivery_price":5000},
   {"product_name":"무선마우스","price":12000,"category":"노트북/태블릿",
"delivery_price":5000},
   {"product_name":"아이패드","price":725000,"category":"노트북/태블릿",
"delivery_price":5000},
   {"product_name":"태블릿거치대","price":32000,"category":"노트북/태블릿",
"delivery_price":5000},
   {"product_name":"무선충전기","price":42000,"category":"노트북/태블릿",
"delivery_price":5000}
]
```

좌측 패널에서 Mock Server 01에 마우스를 가져가면 Mock 서버 이름 옆에 버튼(←|)이 나타납니다.

06 ←| 버튼을 클릭합니다.

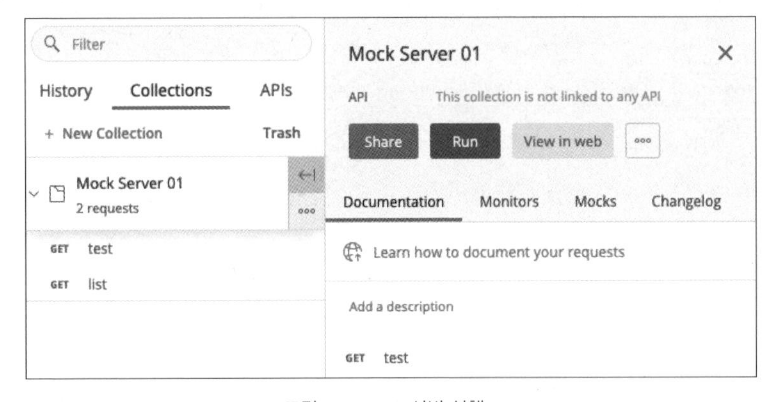

그림 7-5 Mock 서버 실행1

Run 버튼을 클릭하면 Collection Runner 팝업이 나타납니다.

07 Run Mock Server 01 버튼을 클릭합니다.

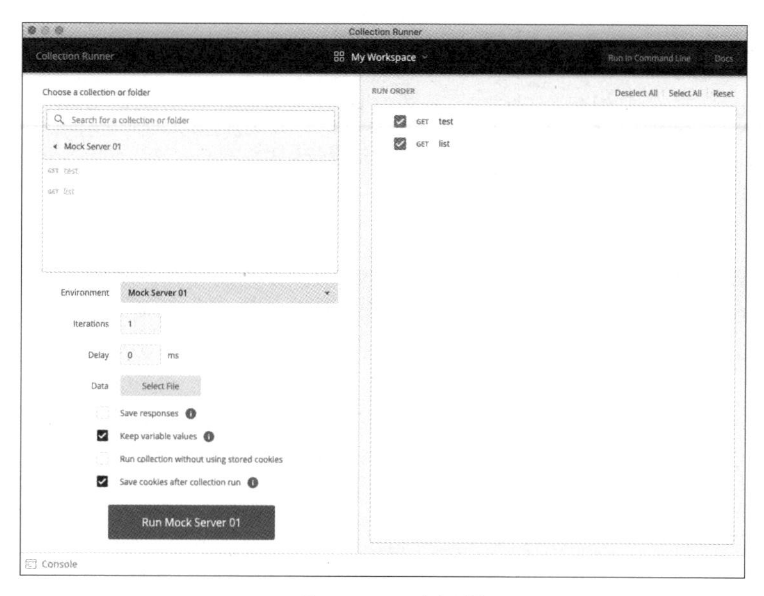

그림 7-6 Mock 서버 실행

test, list 2개의 API가 초록색으로 활성화된 것을 확인할 수 있습니다.

08 하단의 Console을 클릭하면 호출할 수 있는 url 정보를 확인할 수 있습니다.

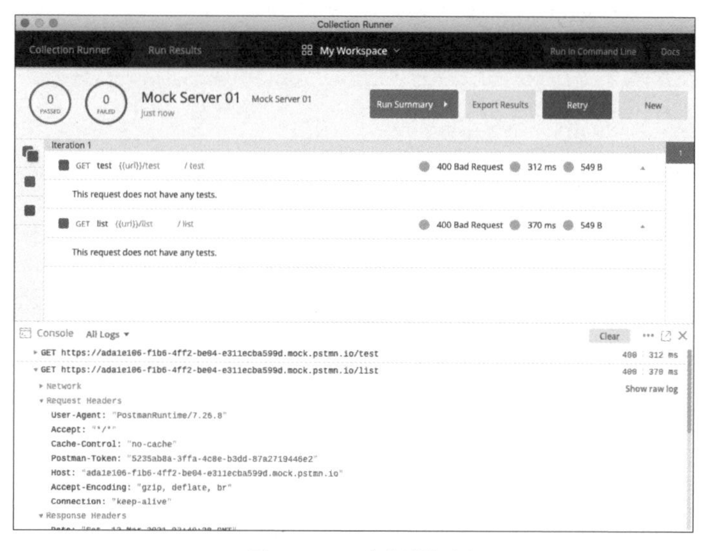

그림 7-7 Mock 서버 실행 상태

» 7.2.2 서버 데이터 호출 및 리스트 랜더링

이제 API가 준비가 되었습니다. Vue 컴포넌트에서 Mock 서버로 API를 호출해서 데이터를 받아와서 리스트 랜더링 처리를 하겠습니다.

코드는 다음과 같습니다.

» 파일경로 vue-project/blob/master/src/views/DataBindingList2.vue

```
<template>
  <div>
    <table>
      <thead>
        <tr>
          <th>제품명</th>
          <th>가격</th>
          <th>카테고리</th>
          <th>배송료</th>
        </tr>
      </thead>
      <tbody>
        <tr :key="i" v-for="(product,i) in productList">
          <td>{{product.product_name}}</td>
          <td>{{product.price}}</td>
          <td>{{product.category}}</td>
          <td>{{product.delivery_price}}</td>
        </tr>
      </tbody>
    </table>
  </div>
</template>
<script>
  export default {
    data() {
      return {
        productList: []
      };
    },
    created() {
      this.getList();
    },
    methods: {
      async getList() {
        this.productList = await this.$api("https://ada1e106-f1b6-4ff2-be04-
```

```
e311ecba599d.mock.pstmn.io/list","get");
            }
        }
    }
</script>
<style scoped>
    table {
        font-family: arial, sans-serif;
        border-collapse: collapse;
        width: 100%;
    }
    td, th {
        border: 1px solid #dddddd;
        text-align: left;
        padding: 8px;
    }
</style>
```

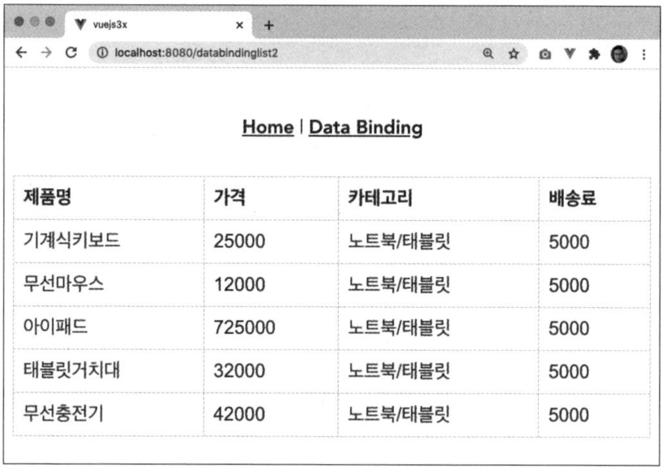

vuejs3x

localhost:8080/databindinglist2

Home | Data Binding

제품명	가격	카테고리	배송료
기계식키보드	25000	노트북/태블릿	5000
무선마우스	12000	노트북/태블릿	5000
아이패드	725000	노트북/태블릿	5000
태블릿거치대	32000	노트북/태블릿	5000
무선충전기	42000	노트북/태블릿	5000

그림 7-8 Mock 서버 데이터 호출 및 리스트 랜더링

Vue 라이프사이클 훅에 의해서 컴포넌트가 생성이 된 후 created 함수가 실행됩니다. created 함수에서 methods내의 getList 함수를 호출하여 mock 서버로부터 미리 정의해놓은 데이터를 받아와서 data 함수의 productList에 할당을 하고, v-for 디렉티브를 통해서 화면에 테이블 목록(tr)을 랜더링 하게 됩니다.

Vue.js 프로젝트 투입 일주일 전

CHAPTER 8 ▼

컴포넌트 심화 학습

chapter 8

컴포넌트 심화 학습

Vue의 가장 큰 장점 중 하나는 컴포넌트를 재활용하는 데 있습니다. 이번 챕터에서는 컴포넌트에서 다른 컴포넌트 사용하는 방법에 대해서 알아봅니다. 컴포넌트 간의 데이터 및 이벤트 전달 방법 및 컴포넌트의 재활용성을 높여주는 기능 중 하나인 Slot을 이용해서 일관성 있는 UI를 개발하는 방법에 대해서 익히게 됩니다.

8.1 컴포넌트 안에 다른 컴포넌트 사용하기

» 8.1.1 부모 컴포넌트와 자식 컴포넌트

다음과 같이 컴포넌트를 하나 구현하겠습니다. src/components 폴더에 PageTitle.vue 파일을 생성합니다.

» 파일경로 vue-project/blob/master/src/components/PageTitle.vue

```
<template>
   <h2>Page Title</h2>
</template>
```

src/views 폴더에 NestedComponent.vue 파일을 생성합니다.

» 파일경로 vue-project/blob/master/src/views/NestedComponent.vue

```
<template>
   <div>
      <PageTitle />
```

```
    </div>
</template>
<script>
    import PageTitle from '../components/PageTitle'; //컴포넌트 import
    export default {
        components: {PageTitle} //현재 컴포넌트에서 사용할 컴포넌트 등록
    }
</script>
```

컴포넌트에서 다른 컴포넌트를 사용하는 방법은 사용할 컴포넌트를 import한 후 현재 컴포넌트의 템플릿에서 사용할 컴포넌트를 components에 등록하면 됩니다.

```
import ComponentA from './ComponentA'
import ComponentC from './ComponentC'

export default {
    components: {
        ComponentA,
        ComponentC
    }
}
```

```
import PageTitle from '../components/PageTitle';
```

⇒ PageTitle 컴포넌트를 import 합니다.

```
components: {PageTitle}
```

⇒ 현재 컴포넌트의 템플릿에서 사용할 컴포넌트를 등록합니다.

```
<PageTitle />
```

⇒ Html에서는 import한 컴포넌트 이름을 이용해서 태그를 만들면 됩니다.

결과를 보면 PageTitle.vue에 작성한 `<h2>컴포넌트 사용 예제 페이지</h2>`가 화면에 랜더링 됩니다.

애플리케이션 내에서 구현되는 각각의 화면의 페이지 타이틀 형식을 개발자 각자에게 맡기게 되면 개발자마다 다른 폰트, 크기, 색상 등 통일성이 없어질 수 있습니다.

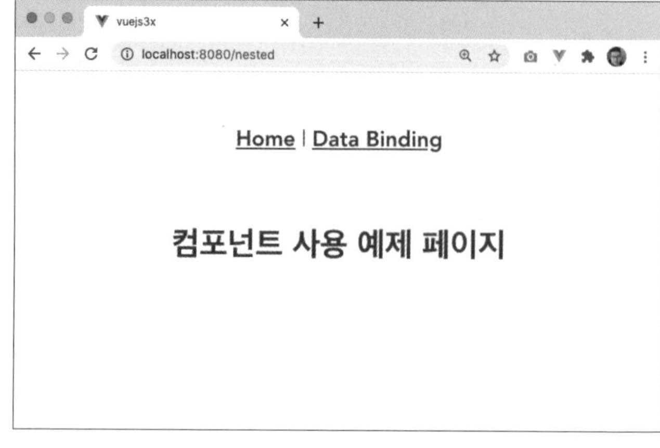

그림 8-1 부모 컴포넌트와 자식 컴포넌트

PageTitle.vue 컴포넌트를 작성한 것처럼, 페이지마다 각 타이틀에 대한 컴포넌트를 만들어서 제공하고, 개발자들이 각 화면에서 PageTitle 컴포넌트를 import해서 사용한다면 모든 화면에 대한 통일성을 가져갈 수 있습니다.

개발하면서, 혹은 애플리케이션이 서비스 되면서 각 페이지의 타이틀의 색상이나 레이아웃 변경 등 디자인 변경이 필요한 경우 PageTitle 컴포넌트만 수정하면 모든 화면에 반영되기 때문에 훨씬 효율적으로 관리할 수 있습니다.

이처럼 컴포넌트는 페이지 하나 전체가 될 수도 있고, 하나의 페이지를 이루고 있는 단위 요소일 수도 있습니다. 컴포넌트를 어떻게 설계하는가는 전체 애플리케이션 개발에서 매우 중요합니다.

» 8.1.2 부모 컴포넌트에서 자식 컴포넌트로 데이터 전달하기 : Props

현재는 PageTitle은 지정된 타이틀은 “Page Title”이 출력되고 있습니다. 우리는 PageTitle 컴포넌트를 호출할 때 각 페이지의 실제 타이틀을 데이터로 전달하고, PageTitle 컴포넌트에서는 이를 받아서 출력하도록 변경해 보겠습니다.

PageTitle.vue 파일을 다음과 같이 수정합니다.

» 파일경로 vue-project/blob/master/src/components/PageTitle.vue

```
<template>
  <h2>{{title}}</h2>
</template>
<script>
  export default {
    props: {
      title: {
        type: String,
        default: "페이지 제목입니다."
      }
    }
  }
</script>
```

props에 title를 키로 갖는 오브젝트를 다음과 같이 추가했습니다.

```
props: {
  title: {
    type: String,
    default: "페이지 제목입니다."
  }
}
```

props에는 부모 컴포넌트로 전달받은 데이터가 저장이 됩니다. Props에 정의된 키는 저장될 데이터의 타입과 부모 컴포넌트로부터 데이터가 전달되지 않았을 때의 default 값을 정의합니다.

```
<h2>{{title}}</h2>
```

⇒ props에 정의된 키는 Vue 인스턴스의 데이터 값으로 사용되기 때문에 h2에서 이중 중괄호를 사용해서 문자열에 대한 데이터 바인딩 처리를 할 수 있습니다.

```
<PageTitle title="부모 컴포넌트에서 자식 컴포넌트로 데이터 전달" />
```

⇒ NestedComponent.vue 파일에서 사용하고 있는 PageTitle 컴포넌트에 속성으로 다음과 같이 title=""를 추가합니다. 여기서 지정한 title 값이, 자식 컴포넌트인 PageTitle에 정의된 props의 title에 전달됩니다.

부모 컴포넌트에서 자식 컴포넌트로 데이터를 전달할 때는 속성을 정의하고, 정의된 속성과 동일한 이름의 속성명을 자식 컴포넌트의 props에 정의해서 사용하면 됩니다.

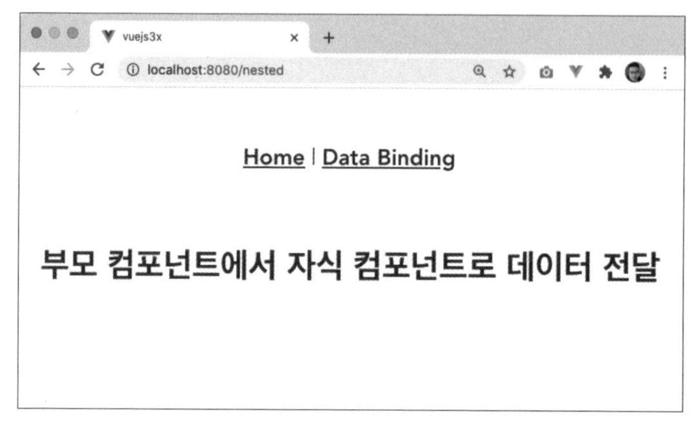

그림 8-2 부모 컴포넌트에서 자식 컴포넌트로 데이터 전달

» 8.1.2.1 정적/동적 Prop 전달

자식 컴포넌트인 PageTitle.vue로 title="컴포넌트 사용 예제 페이지" 정적 값을 전달하는 것을 확인했습니다.

v-bind나 약어인 : 문자를 사용해서 prop에 동적인 값을 전달할 수 있습니다.

```
<page-title: title="title" />

data() {
   return {
     title: '동적 페이지 타이틀'
   };
 }
```

» 8.1.2.2 숫자형(Number) 전달

숫자 값을 prop로 전달하기 위해서는 v-bind를 통해서만 가능합니다.

```
<blog-post likes="42" />
```

⇒ v-bind를 사용하지 않은 경우는 level 값을 전달한 1은 숫자 1이 아니라, 문자 "1"이 됩니다. 숫자 값으로 전달하기 위해서는 v-bind를 사용해서 정적으로 전달하거나 동적으로 전달해야 합니다.

```
<!-- 42는 정적이지만, v-bind를 사용함으로써 전달되는 데이터가 자바스크립트
표현식이 됩니다. -->
<blog-post :likes="42" />

<!-- 변수 값에 동적으로 할당합니다. -->
<blog-post :likes="post.likes" />
```

» 8.1.2.3 논리 자료형(Boolean) 전달

논리 자료형 역시 v-bind을 사용하지 않으면 문자열로 전달되기 때문에, v-bind를 사용해야 합니다.

```
<!-- true는 정적이지만, v-bind를 사용함으로써 전달되는 데이터가 자바스크립트
표현식이 됩니다. -->
<blog-post :is-published="true" />

<!-- 변수 값에 동적으로 할당합니다. -->
<blog-post :is-published="isShow" />
```

» 8.1.2.4 배열(Array) 전달

배열 역시 v-bind을 사용하지 않으면 문자열로 전달되기 때문에, v-bind를 사용해야 합니다.

```
<!-- 배열이 정적이지만, v-bind를 사용함으로써 전달되는 데이터가 자바스크립트
표현식이 됩니다. -->
<blog-post :comment-ids="[234, 266, 273]" />

<!-- 변수 값에 동적으로 할당합니다. -->
<blog-post :comment-ids="post.commentIds" />
```

» 8.1.2.5 객체(Object) 전달

객체 역시 v-bind을 사용하지 않으면 문자열로 전달되기 때문에, v-bind를 사용해야 합니다.

```
<!-- 객체가 정적이지만, v-bind를 사용함으로써 전달되는 데이터가 자바스크립트
표현식이 됩니다. -->
<blog-post :author="{name:'Veronica','Veridian Dynamics'}" />

<!-- 변수 값에 동적으로 할당합니다. -->
<blog-post :author="post.author" />
```

» 8.1.2.6 객체(Object)의 속성 전달

객체(Object) 역시 v-bind을 사용하지 않으면 문자열로 전달되기 때문에, v-bind를 사용해야 합니다.

다음 두 개의 코드는 동일합니다.

```
<blog-post v-bind="post" />

<blog-post :id="post.id" :title="post.title" />
```

```
data() {
  return {
    post: {id:1, title:'Vue 3 프로젝트 투입 일주일 전'}
  };
}
```

» 8.1.2.7 Prop 유효성 검사

자식 컴포넌트에서 props 옵션을 정의할 때, 전달받는 데이터 타입, 기본 값(default), 필수 여부(required) 그리고 유효성 검사 함수(validator)인 함수를 통해서 유효성을 검사할 수 있습니다.

이렇게 props를 통해 전달받는 데이터에 대한 요구사항을 지정할 수 있기 때문에, 컴포넌트를 사용하는 개발자가 데이터를 어떤 타입으로 전달해야 할지 명확히 인지해서 사용하는 이점을 얻을 수 있습니다.

```
props: {
  // 기본 타입 체크 ('null'과 'undefined'는 모든 타입 유효성 검사를 통과합니다.)
  propA: Number, // Number 타입 체크
  propB: [String, Number], // 여러 타입 허용
  propC: { // 문자형이고 부모 컴포넌트로부터 반드시 데이터가 필수로 전달되어야 함
    type: String,
    required: true
  },
  propD: { // 기본 값(100)을 갖는 숫자형
    type: Number,
    default: 100
  },
  propE: { // 기본 값을 갖는 객체 타입
    type: Object,
    // 객체나 배열의 기본 값은 항상 팩토리 함수로부터 반환되어야 합니다.
    default: function() {
      return { message: 'hello' }
    }
  },
  propF: { // 커스텀 유효성 검사 함수
    validator: function(value) {
      // 값이 꼭 아래 세 문자열 중 하나와 일치해야 합니다.
      return ['success', 'warning', 'danger'].indexOf(value) !== -1
    }
  },
  propG: { // 기본 값을 갖는 함수
    type: Function,
    // 객체나 배열과 달리 아래 표현은 팩토리 함수가 아닙니다. 기본 값으로
사용되는 함수입니다.
    default: function() {
      return 'Default function'
    }
  }
}
```

» 8.1.3 부모 컴포넌트에서 자식 컴포넌트의 이벤트 직접 발생시키기

부모 컴포넌트에서 자식 컴포넌트의 버튼을 클릭하는 이벤트를 직접 발생시켜 보겠습니다.

» 파일경로 vue-project/blob/master/src/views/ChildComponent.vue

```
<template>
  <button type="button" @click="childFunc" ref="btn">click</button>
</template>
<script>
  export default {
    methods: {
      childFunc() {
        console.log('부모 컴포넌트에서 직접 발생시킨 이벤트');
      }
    }
  }
</script>
```

자식 컴포넌트에 버튼 객체에 ref="btn"로 접근할 수 있도록 작성되었습니다.

HTML 태그에 ref="id"를 지정하면 Vue 컴포넌트의 함수에서 this.$refs를 통해 접근이 가능하게 됩니다. ref 속성은 HTML 태그에서 사용되는 id와 비슷한 기능을 한다고 생각하시면 됩니다. ref는 유일한 키 값을 사용해야 합니다.

» 파일경로 vue-project/blob/master/src/views/ParentComponent.vue

```
<template>
  <child-component @send-message="sendMessage" ref="child_component" />
</template>
<script>
  import ChildComponent from './ChildComponent';
  export default {
    components: {ChildComponent},
    mounted() {
      this.$refs.child_component.$refs.btn.click();
    }
  }
</script>
```

부모 컴포넌트에서 자식 컴포넌트인 child-component에 ref="child_component"를 지정하여, $refs로 접근할 수 있도록 했습니다.

이렇게 설정하면 부모 컴포넌트에서 자식 컴포넌트 안에 정의된 HTML 객체에 대한 접근이 가능해지고, 자식 컴포넌트의 버튼 객체에 정의한 ref="btn" 이름으로 버튼 객체에 접근해서 click() 이벤트를 발생시킬 수 있게 됩니다.

» 8.1.4 부모 컴포넌트에서 자식 컴포넌트의 함수 직접 호출하기

부모 컴포넌트에서 자식 컴포넌트에 정의된 함수를 직접 호출해 보겠습니다.

» 파일경로 vue-project/blob/master/src/views/ChildComponent2.vue

```
methods: {
   callFromParent() {
      console.log('부모 컴포넌트에서 직접 호출한 함수');
   }
}
```

자식 컴포넌트에 함수가 정의되어 있습니다.

» 파일경로 vue-project/blob/master/src/views/ParentComponent2.vue

```
<template>
   <child-component @send-message="sendMessage" ref="child_component" />
</template>
<script>
import ChildComponent from './ChildComponent2';
   export default {
      components: {ChildComponent},
      mounted() {
         this.$refs.child_component.callFromParent();
      }
   }
</script>
```

부모 컴포넌트에서는 자식 컴포넌트를 $refs를 사용하여 접근하게 되면 자식 컴포넌트 내에 정의된 모든 함수를 호출할 수 있습니다.

» 8.1.5 부모 컴포넌트에서 자식 컴포넌트의 데이터 옵션 값 직접 변경하기

부모 컴포넌트에서는 자식 컴포넌트의 데이터 옵션 값을 직접 변경할 수 있습니다.

» 파일경로 vue-project/blob/master/src/views/ChildComponent3.vue

```
<template>
  <h1>{{msg}}</h1>
</template>
<script>
  export default {
    data() {
      return {
        msg: ''
      };
    }
  }
</script>
```

자식 컴포넌트에는 데이터 옵션에 msg가 정의되었습니다.

» 파일경로 vue-project/blob/master/src/views/ParentComponent3.vue

```
<template>
  <child-component @send-message="sendMessage" ref="child_component" />
  <button type="button" @click="changeChildData">Change Child Data</button>
</template>
<script>
import ChildComponent from './ChildComponent';
export default {
  components: {ChildComponent},
  methods: {
    changeChildData() {
      this.$refs.child_component.msg = "부모 컴포넌트가 변경한 데이터";
    }
  }
}
</script>
```

$refs를 통해서 자식 컴포넌트에 접근하고 나면 자식 컴포넌트에 정의된 데이터 옵션을 직접 변경할 수 있게 됩니다.

» 8.1.6 자식 컴포넌트에서 부모 컴포넌트로 이벤트/데이터 전달하기 (커스텀 이벤트)

자식 컴포넌트에서 부모 컴포넌트로 이벤트로 전달하기 위해서는 $emit를 사용합니다.

» 파일경로 vue-project/blob/master/src/views/ChildComponent4.vue

```
data() {
   return {
      msg: '자식 컴포넌트로부터 보내는 메시지'
   };
},
mounted() {
   this.$emit('send-message', this.msg)
}
```

자식 컴포넌트가 mounted 되면 $emit을 통해 부모 컴포넌트의 send-message 이벤트를 호출합니다. 이때 msg 데이터를 파라미터로 전송합니다.

» 파일경로 vue-project/blob/master/src/views/ParentComponent4.vue

```
<template>
   <child-component @send-message="sendMessage" />
</template>
<script>
import ChildComponent from './ChildComponent';
export default {
   components: {ChildComponent},
   methods: {
      sendMessage(data) {
      console.log(data);
      }
   }
}
</script>
```

부모 컴포넌트에서 자식 컴포넌트인 ChildComponent를 import 하고, 커스텀 이벤트(@send-message)를 정의합니다. 커스텀 이벤트인 send-message는 자식 컴포넌트에서

$emit으로 호출하게 됩니다. 이때 부모 컴포넌트에 정의된 sendMessage 함수가 실행되고, 자식 컴포넌트로부터 전달받은 데이터를 부모 컴포넌트에서 사용할 수 있습니다.

» 8.1.7 부모 컴포넌트에서 자식 컴포넌트의 데이터 옵션 값 동기화하기

부모 컴포넌트에서 computed를 이용하면 자식 컴포넌트에 정의된 데이터 옵션 값의 변경사항을 항상 동기화시킬 수 있습니다.

» 파일경로 vue-project/blob/master/src/views/ChildComponent5.vue

```
<template>
  <button type="button" @click="childFunc" ref="btn">자식 컴포넌트 데이터 변경</button>
</template>
<script>
export default {
  data() {
    return {
      msg: '메시지'
    };
  },
  methods: {
    childFunc() {
      this.msg = '변경된 메시지';
    }
  }
}
</script>
```

자식 컴포넌트에는 데이터 옵션에 msg가 정의되어 있습니다.

ParentComponent.vue

» 파일경로 vue-project/blob/master/src/views/ParentComponent5.vue

```
<template>
  <button type="button" @click="checkChild">자식 컴포넌트 데이터 조회</button>
  <child-component ref="child_component" />
</template>
```

```
<script>
import ChildComponent from './ChildComponent5';
export default {
   components: {ChildComponent},
   computed: {
      msg(){
         return this.$refs.child_component.msg;
      }
   },
   methods: {
      checkChild() {
         alert(this.msg);
      }
   }
}
</script>
```

부모 컴포넌트에는 computed 옵션을 사용해서, 자식 컴포넌트의 msg 값을 감지하도록 했습니다. computed는 참조되고 있는 데이터의 변경사항을 바로 감지하여 반영할 수 있다고 했습니다.

computed 옵션을 이용하면 자식 컴포넌트의 데이터가 변경될 때마다 $emit를 통해 변경된 데이터를 전송하지 않아도 변경된 데이터 값을 항상 확인할 수 있습니다.

8.2 Slot

우리는 앞서 컴포넌트는 재활용 가능하며, 컴포넌트는 여러 개의 컴포넌트를 자식 컴포넌트로 import해서 사용할 수 있다는 것을 배웠습니다. 프로젝트를 진행하다 보면 어떤 화면의 경우는 굉장히 비슷한 UI와 기능을 가지고 있는데, 아주 일부만 다른 경우가 있습니다.

slot은 컴포넌트 내에서 다른 컴포넌트를 사용할 때 쓰는 컴포넌트의 마크업을 재정의하거나 확장하는 기능입니다. 컴포넌트의 재활용성을 높여주는 기능입니다. 다음과 같은 팝업(Modal)은 애플리케이션을 개발할 때 굉장히 많은 화면에서 사용하게 됩니다.

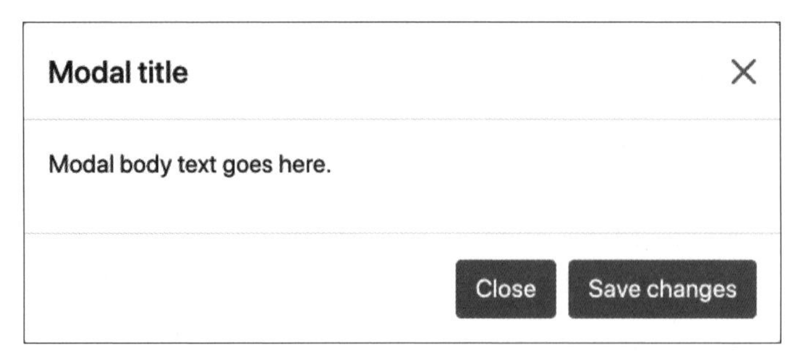

그림 8-3 모달 팝업 화면

일반적으로 팝업창은 header, main, footer로 이루어집니다.

```
<div class="container">
   <header>
   <!-- header 컨텐츠 -->
   </header>
   <main>
   <!-- main 컨텐츠 -->
   </main>
   <footer>
   <!-- footer 컨텐츠 -->
   </footer>
</div>
```

좋은 애플리케이션은 단순한 팝업창일지라도 애플리케이션 내에서 사용되는 모든 팝업창의 디자인을 유형에 따라 동일하게 유지시킵니다. 그래야 사용자에게 동일한 사용자 경험(UX)을 줄 수 있기 때문입니다.

여러 명의 개발자가 애플리케이션을 개발하면 동일한 유형의 팝업창일지라도 디자인이 다르게 적용되는 경우가 종종 발생합니다. 예를 들면 팝업창 타이틀 영역의 폰트 크기나 배경색이 조금씩 다르거나, 버튼이 있는 Footer 영역의 배경색이 다를 수 있습니다. 이렇게 개발자마다 팝업창의 디자인을 다르게 만들면 전체 애플리케이션을 이용하는 사용자 입장에서는 일관성 없는 디자인으로 인해 좋지 않은 경험을 가질 수 있습니다.

Vue에서는 Slot을 이용해서 이런 부분을 해결할 수 있습니다. 팝업의 기본 틀에 해당하는 컴포넌트를 Slot을 이용해서 만들고, 개발자에게 제공합니다. 개발자는 팝업 디자인의 통일성을 유지하면서 컨텐츠에 해당하는 부분만 작성하면 됩니다.

다음은 팝업의 기본 틀에 해당하는 modal-layout 컴포넌트입니다.

» 파일경로 vue-project/blob/master/src/views/SlotModalLayout.vue

```
<div class="modal-container">
   <header>
      <slot name="header"></slot>
   </header>
   <main>
      <slot></slot>
   </main>
   <footer>
      <slot name="footer"></slot>
   </footer>
</div>
```

이렇게 Slot에 name을 지정해서 사용하는 Slot을 'Named Slots'이라고 합니다. 이 컴포넌트는 정해진 html 구조를 갖게 됩니다. 이렇게 작성된 컴포넌트를 제공하고, 개발자는 각 slot에 해당하는 코드만 작성하면 되기 때문에, 어떤 개발자가 구현하더라도 동일한 디자인의 팝업을 만들 수 있게 됩니다.

Slot을 사용하는 컴포넌트에서는 삽입한 컴포넌트(책에서는 modal-layout) 안에서 다음과 같이 template 태그를 사용하여 html 코드를 작성할 수 있습니다. 이때 v-slot:(slot 이름) 디렉티브를 사용해서 동일한 이름의 slot 위치로 html 코드가 삽입됩니다. Name이 없는 slot은 v-slot:defult로 지정하면 됩니다.

» 파일경로 vue-project/blob/master/src/views/SlotUseModalLayout.vue

```
<modal-layout>
   <template v-slot:header>
      <h1>팝업 타이틀</h1>
   </template>
   <template v-slot:default>
      <p>팝업 컨텐츠 1</p>
      <p>팝업 컨텐츠 2</p>
   </template>
```

```
    <template v-slot:footer>
        <button type="button">닫기</button>
    </template>
</modal-layout>
```

이렇게 적용된 결과는 다음과 같습니다.

```
<div class="modal-container">
    <header>
        <h1>팝업 타이틀</h1>
    </header>
    <main>
        <p>팝업 컨텐츠 1</p>
        <p>팝업 컨텐츠 2</p>
    </main>
    <footer>
        <button type="button">닫기</button>
    </footer>
</div>
```

컴포넌트 내에 여러 영역에 slot을 적용할 때는 name을 이용해서 적용하고, 하나의 영역에만 적용할 때는 굳이 slot에 name을 사용하지 않아도 됩니다.

부모 컴포넌트에서 자식 컴포넌트로 데이터를 전달하는 예제 코드로 PageTitle.vue를 만들었습니다.

```
<template>
    <h2>{{title}}</h2>
</template>
<script>
export default {
    props: {
        title: {
            type: String,
            default: "페이지 제목입니다."
        }
    }
}
</script>
```

이 코드를 slot을 이용하면 다음과 같이 바뀌게 됩니다.

```
<template>
  <h2><slot></slot></h2>
</template>

<PageTitle>컴포넌트 사용 예제 페이지</PageTitle>
```

단순히 페이지 타이틀을 만들기 위해서 props를 정의할 필요도 없고, 부모에서 자식 컴포넌트로 props 데이터를 전달할 필요도 없게 됩니다. 코드가 훨씬 간결하고 직관적으로 바뀌었습니다.

```
<modal-layout>
  <template #header>
    <h1>팝업 타이틀</h1>
  </template>

  <template #default>
    <p>팝업 컨텐츠 1</p>
    <p>팝업 컨텐츠 2</p>
  </template>

  <template #footer>
    <button type="button">닫기</button>
  </template>
</modal-layout>
```

⇒ v-slot: 대신에 단축어로 #을 사용할 수 있습니다.

실무팁

프로젝트 개발 초기에 개발팀은 애플리케이션 전체에서 사용될 slot 기반의 컴포넌트를 구현해서 개발자에게 제공해야 합니다.

애플리케이션 개발 시, 팝업, 페이지 타이틀 등 애플리케이션 전반에 걸쳐 다수의 컴포넌트에서 공통으로 사용해야 하는 공통 UI 요소가 있을 수 있습니다. 이런 UI 요소를 slot 기반의 컴포넌트로 만들어서 제공하면, 전체 애플리케이션 개발 생산성 및 통일된 디자인을 통한 사용자 경험을 향상시킬 수 있습니다. 이러한 개발은 프로젝트 초기에 이루어져야 합니다. 한번 개발된 slot 기반의 컴포넌트는 다른 애플리케이션을 개발할 때도 사용할 수 있기 때문에, 개발팀의 자산으로 지속적으로 관리되어야 합니다.

8.3 Provide/Inject

부모 컴포넌트에서 자식 컴포넌트로 데이터를 전달해야 하는 경우 props를 사용하면 된다는 것을 배웠습니다. 그런데 만약에 컴포넌트 계층 구조가 복잡하게 얽혀 있어서 부모 컴포넌트로부터 자식 컴포넌트, 그리고 그 자식 컴포넌트의 자식 컴포넌트로 데이터를 전달하는 경우가 발생하면 props를 통해 데이터를 전달하는 것은 굉장히 복잡한 코드를 양산하게 됩니다.

이러한 경우에 사용할 수 있는 것이 Provide/Inject 입니다. 컴포넌트의 계층 구조가 아무리 복잡하더라도 부모 컴포넌트에서는 provide 옵션을, 자식 컴포넌트에서는 inject 옵션을 통해 데이터를 쉽게 전달할 수 있습니다.

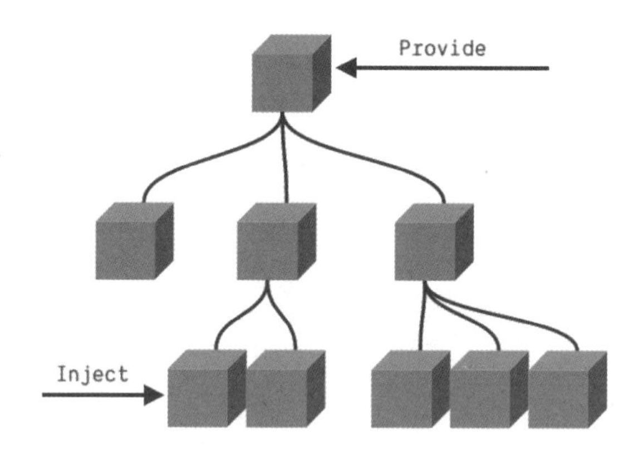

그림 8-4 Provide/Inject

컴포넌트 구조는 다음과 같습니다.

```
Root
└── ParentComponent
    ├── ChildComponent1
    └── ChildComponent2
        ├── ChildChildComponent1
        └── ChildChildComponent2
```

ParentComponent 컴포넌트에서 ChildChildComponent2 데이터를 전달하려고 합니다.

props를 사용해서 데이터를 전달하려면 ParentComponent → ChildComponent2 → ChildChildComponent2 이렇게 3단계를 거쳐서 전달해야 합니다. 하지만 provide/inject를 사용하면 한 번에 바로 전달할 수 있습니다.

» 파일경로 vue-project/blob/master/src/views/ProvideInject.vue

```
<template>
  <ProvideInjectChild />
</template>
<script>
  import ProvideInjectChild from './ProvideInjectChild';
  export default {
    components: {ProvideInjectChild},
    data() {
      return {
        items: ['A','B']
      };
    },
    provide() {
      return {
        itemLength: this.items.length
      };
    }
  }
</script>
```

Provide 함수를 통해서 배열 items의 length를 반환합니다. (자식 컴포넌트로 전달하고자 하는 데이터를 provide에 정의합니다.)

» 파일경로 vue-project/blob/master/src/views/ProvideInjectChild.vue

```
export default {
  inject: ['itemLength'],
  mounted() {
    console.log(this.itemLength);
  }
}
```

부모 컴포넌트로부터 전달받고자 하는 데이터와 동일한 속성 이름으로 inject에 문자열 배열로 정의합니다.

이렇게 Provide/Inject를 이용하면 아무리 컴포넌트 계층 구조가 복잡하더라도 원하는 자식 컴포넌트로 데이터를 한 번에 전달할 수 있습니다.

하지만, inject를 통해서 데이터를 전달받는 자식 컴포넌트에서는 전달받는 데이터가 어떤 부모 컴포넌트에서 전달되는지 확인이 안 된다는 단점이 있습니다.

8.4 Template refs

Vue 개발 시 특별한 경우가 아니면 HTML 객체에 바로 접근해서 코드를 구현해야 할 일은 없습니다. 하지만 어쩔 수 없이 자바스크립트에서 HTML 객체에 바로 접근해야 한다면 HTML 태그에 id 대신 ref를 사용하면 됩니다.

```
<input type="text" ref="title" />
```

this.$refs를 이용해서 ref 속성에 지정된 이름으로 HTML 객체에 접근이 가능해집니다.

```
this.$refs.title.focus();
```

Vue.js 프로젝트 투입 일주일 전

CHAPTER 9

Reusability & Composition

Reusability & Composition

이번 챕터에서는 Vue 3.x 버전에 추가된 핵심 기능인 컴포지션(Composition) API에 대해서 자세히 알아봅니다. 또한 플러그인(Plugins), 믹스인(Mixins), Custom Directives 기능을 이용해서 프로젝트의 공통 모듈 구현하고 코드를 재사용하는 방법에 대해서 익히게 됩니다.

9.1 Composition API

» 9.1.1 Composition API란?

컴포지션 API는 컴포넌트 내에서 사용하는 특정 기능을 갖는 코드를 유연하게 구성하여 사용할 수 있도록 Vue 3 버전에 추가된 함수 기반의 API입니다.

그동안 Vue는 '프로젝트 규모가 커질수록 관리하기 힘들다'는 단점이 있었습니다. data, computed, watch, methods 등 프로젝트 규모가 커질수록, 컴포넌트의 계층구조가 복잡할수록 코드에 대한 추적 및 관리가 어려웠습니다. 하지만 컴포지션 API를 이용하면 Setup이라는 메소드 안에서 한 덩어리로 코드를 구현할 수 있어서 코드에 대한 관리가 훨씬 쉬워지게 됩니다. 즉, 컴포지션 API는 그동안 Vue가 가지고 있던 단점을 보완하기 위해서 추가된 Vue 3 버전의 핵심 기능입니다.

일반적으로 우리가 지금까지 사용했던 API는 API를 호출함으로써 API에 구현된 기능을 그대로 사용할 수 있었습니다. 즉, API는 특정 기능을 가지고 있고, 재사용을 위해 만들어진 것입니다.

컴포지션 API 역시 API라는 이름이 붙어 있는 것처럼, 특정 기능을 갖는 함수를 정의하고 API 처럼 사용할 수 있게 해주는 것입니다. 결국 궁극적인 목적인 코드에 대한 재활용성을 높이고, 코드의 가독성을 높이기 위해 추가된 기능입니다. Vue 2에서는 믹스인(mixin)을 통해 코드를 재사용하였지만, 믹스인을 사용했을 때 오버라이딩 문제나, 다중 믹스인을 사용하는 경우 코드에 대한 관리가 어려웠습니다.

컴포지션 API는 프로젝트에서 코드에 대한 재사용을 효율적으로 할 수 있도록 해줍니다.

[그림 9-1]은 좀 복잡한 컴포넌트를 기존 개발 방식과 컴포지션 API로 개발했을 때의 연관성 있는 로직 단위를 색상으로 표시한 것입니다.

컴포지션 API로 개발하면 기존 개발 방식으로 개발했을 때보다 연관성 있는 로직을 같이 구현할 수 있어서 훨씬 코드가 간결해지고 코드 추적 및 유지 관리가 쉬워집니다. 동일한 프로그램 로직과 관련된 코드를 함께 배치할 수 있다면 훨씬 더 좋을 것입니다. 이것이 바로 컴포지션 API가 추가된 이유입니다.

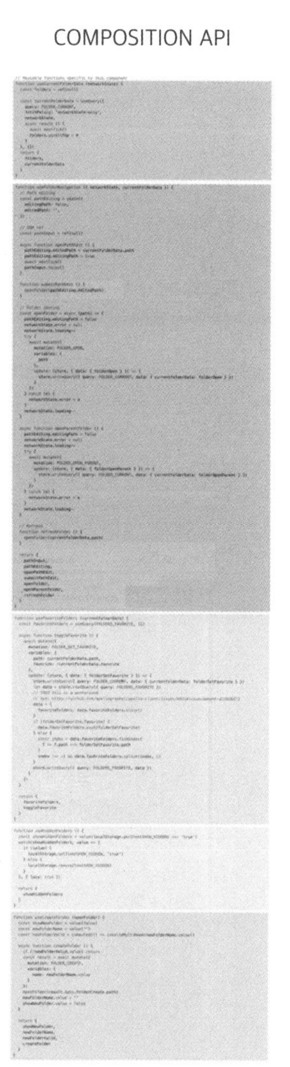

그림 9-1 Options API vs. Composition API

» 9.1.2 Setup

Setup은 컴포지션 API를 구현하는 곳입니다.

컴포지션 API가 어떻게 구현되는지 기존 개발 방법과 비교를 함으로써 컴포지션 API를 이해하도록 하겠습니다. 사용자로부터 숫자 2개를 입력받고, 입력받은 숫자를 더한 값을 출력하는 코드를 작성해 보겠습니다.

우리가 지금까지 배운 방법에 의하면 다음과 같은 코드로 작성될 것입니다.

» 파일경로 vue-project/blob/master/src/views/Calculator.vue

```
<template>
  <div>
    <h2>Calculator</h2>
    <div>
      <input type="text" v-model="num1" @keyup="plusNumbers" />
      <span> + </span>
      <input type="text" v-model="num2" @keyup="plusNumbers" />
      <span> = </span>
      <span>{{result}}</span>
    </div>
  </div>
</template>
<script>
export default {
  name: 'calculator',
    data() {
      return {
        num1: 0,
        num2: 0,
        result: 0
      };
    },
    methods: {
      plusNumbers() {
        this.result = parseInt(this.num1) + parseInt(this.num2);
      }
    }
  }
</script>
```

사용자로부터 숫자가 입력되는 이벤트(keyup)가 발생할 때마다 plusNumbers 함수를 호출해서 사용자가 입력한 값을 더하기 해서 result로 반환하도록 코드가 작성되었습니다.

컴포지션 API 기능을 이용해서 동일한 기능을 갖는 코드를 작성해 보겠습니다.

» 파일경로 vue-project/blob/master/src/views/CompositionAPI.vue

```
<template>
   <div>
      <h2>Calculator</h2>
      <div>
         <input type="text" v-model="state.num1" @keyup="plusNumbers" />
         <span> + </span>
         <input type="text" v-model="state.num2" @keyup="plusNumbers" />
         <span> = </span>
         <span>{{state.result}}</span>
      </div>
   </div>
</template>
<script>
   import {reactive} from 'vue';  // reactive 추가
   export default {
      name: 'calculator',
      setup() {
         let state = reactive({  // reactive를 이용해서 num1, num2, result를
                                    실시간 변경사항에 대한 반응형 적용
            num1: 0,
            num2: 0,
            result: 0
         });
         function plusNumbers() {
            state.result = parseInt(state.num1) + parseInt(state.num2);
         }
         return {  // reactive로 선언된 state와 plusNumbers 함수를 반환함으로써
                     기존 data, methods 옵션처럼 사용이 가능해짐
            state,
            plusNumbers
         }
      }
   }
</script>
```

컴포지션 API의 reactive를 이용해서 코드를 작성했습니다. 지금 작성된 코드는 컴포지션 API를 이용하지 않은 코드와 크게 다를 바가 없어 보입니다.

여기서 코드를 좀 더 수정해 보겠습니다.

» 파일경로 vue-project/blob/master/src/views/CompositionAPI2.vue

```
<template>
  <div>
    <h2>Calculator</h2>
  <div>
    <input type="text" v-model="state.num1" />
    <span> + </span>
    <input type="text" v-model="state.num2" />
    <span> = </span>
    <span>{{state.result}}</span>
  </div>
</div>
</template>
<script>
import {reactive, computed} from 'vue'; //computed 추가
export default {
  name: 'calculator',
  setup() {
    let state = reactive({
      num1: 0,
      num2: 0,
      result: computed(() => parseInt(state.num1) + parseInt(state.num2))
            // computed를 이용해서 num1, num2가 변경이 일어나면 즉시 result로
               더한 값을 반환
    });
    return {
      state
    }
  }
}
</script>
```

reactive와 computed를 이용하니까 input type=text에 바인딩했던 keyup 이벤트를 없앨 수 있고, 코드가 훨씬 간결해졌습니다. 지금 작성한 코드는 현재 컴포넌트 내에서만 사용 가능합니다.

현재 컴포넌트 내에서만 사용하는 코드를 작성하는 경우도 있지만, 계산기에서 덧셈 연산을 여러 번 반복해서 사용할 수 있는 것처럼 재사용 가능한 코드를 작성하는 경우가 있습니다. 이러한 경우, 작성한 코드를 여러 컴포넌트에서 재사용할 수 있도록 함수를 분리해야 합니다.

일단 Setup에 작성된 코드를 분리해서 별도의 function으로 작성하겠습니다.

» 파일경로 vue-project/blob/master/src/views/CompositionAPI3.vue

```
<template>
  <div>
    <h2>Calculator</h2>
    <div>
      <input type="text" v-model="num1" />
      <span> + </span>
      <input type="text" v-model="num2" />
      <span> = </span>
      <span>{{result}}</span>
    </div>
  </div>
</template>
<script>
import {reactive, computed, toRefs} from 'vue'; //toRefs 추가
function plusCalculator() {
  let state = reactive({
    num1: 0,
    num2: 0,
    result: computed(() => parseInt(state.num1) + parseInt(state.num2))
  });
  return toRefs(state); // 반응형으로 선언된 num1, num2, result가 외부
                           function에서 정상적으로 동작하기 위해서는 toRefs를
                           사용해야 함
}
export default {
  name: 'calculator',
  setup() {
    let {num1, num2, result} = plusCalculator(); //외부 function
    return {
      num1, num2, result
    }
  }
}
</script>
```

외부 function에서 반응형 변수를 사용하기 위해서 toRefs가 추가되었습니다.

컴포넌트 안에서는 v-model 디렉티브를 통해 바인딩된 변수가 사용자의 입력값이 바뀔 때마다 반응형으로 처리가 되었지만, 함수를 컴포넌트 밖으로 빼면 사용자가 입력한 값에 대한 반응형 처리가 불가능해집니다. 그래서 toRefs를 사용하여 컴포넌트 밖에서도 반응형 처리가 가능하도록 할 수 있습니다.

컴포넌트 내에서 정의된 코드를 다른 컴포넌트에서도 사용할 수 있도록 컴포넌트 밖으로 분리하겠습니다. Common.js 파일을 생성하고 앞서 구현한 plusCalculator 코드를 다음과 같이 작성합니다.

» 파일경로 vue-project/blob/master/src/common.js

```
import {
   reactive,
   computed,
   toRefs
} from 'vue';
const plusCalculator = () => {
   let state = reactive({
      num1: 0,
      num2: 0,
      result: computed(() => parseInt(state.num1) + parseInt(state.num2))
   });
   return toRefs(state);
};
export {
   plusCalculator
};
```

Vue 컴포넌트에서는 다음과 같이 common.js로 import해서 사용하면 됩니다.

» 파일경로 vue-project/blob/master/src/views/CompositionAPI4.vue

```
<template>
   <div>
      <h2>Calculator</h2>
      <div>
         <input type="text" v-model="num1" />
         <span> + </span>
         <input type="text" v-model="num2" />
```

```
        <span> = </span>
        <span>{{result}}</span>
      </div>
    </div>
</template>
<script>
import {plusCalculator} from '../common.js';
  export default {
    name: 'calculator',
    setup() {
      let {num1, num2, result} = plusCalculator();
      return {
        num1, num2, result
      }
    }
  }
</script>
```

이렇게 특정 기능을 갖는 함수를 컴포지션 API를 이용하고 개발해서 공통 스크립트로 제공하면 뷰 컴포넌트 내에서 반응형으로 처리를 할 수 있어서 매우 활용도가 높아지게 됩니다.

» 9.1.3 Lifecycle Hooks

컴포지션 API 내에서 사용할 수 있는 컴포넌트 라이프사이클 훅은 다음 표와 같습니다.

컴포지션 API에서 setup()은 컴포넌트 라이프사이클의 beforeCreate와 created 훅 사이에서 실행되기 때문에, onBeforeCreate, onCreated 훅은 필요가 없고, setup() 안에서 코드를 작성하면 됩니다.

Options API	Hook inside setup()
beforeCreate	
created	
beforeMount	onBeforeMount
mounted	onMounted
beforeUpdate	onBeforeUpdate
updated	onUpdated
beforeUnmount	onBeforeUnmount
unmounted	onUnmounted
errorCaptured	onErrorCaptured
renderTracked	onRenderTracked
renderTriggered	onRenderTriggered

다음은 setup() 에서 onMounted 훅을 적용한 코드입니다.

```
export default {
  setup() {
    // mounted
    onMounted(() => {
      console.log('Component is mounted!')
    })
  }
}
```

» 9.1.4 Provide/Inject

컴포지션 API에서 Provide/Inject 사용하려면 provide와 inject를 별도로 import 해야 사용할 수 있습니다. 부모 컴포넌트에서는 provide 함수를 통해서 전달할 값에 대한 키(key), 값(value)을 설정합니다.

» 파일경로 vue-project/blob/master/src/views/CompositionAPIProvide.vue

```
<template>
  <CompositionAPIInject />
</template>
<script>
import { provide } from 'vue';  //provide 추가
import CompositionAPIInject from './CompositionAPIInject';
export default {
  components: {
    CompositionAPIInject
  },
  setup() {
    provide('title', 'Vue.js 프로젝트');
    // provide 함수를 통해서 전달할 키(key), 값(value) 설정
  }
}
</script>
```

자식 컴포넌트에서는 inject를 이용해서 부모 컴포넌트에서 정의한 provide 키로 데이터를 가져올 수 있습니다.

» 파일경로 vue-project/blob/master/src/views/CompositionAPIInject.vue

```
<template>
  <h1>{{title}}</h1>
</template>
<script>
import { inject } from 'vue'; //inject 추가
export default {
  setup() {
    const title = inject('title');
    // inject를 사용해서 provide에서 정의한 키(key)로 데이터를 전달받음
    return {title};
  }
}
</script>
```

9.2 믹스인(Mixins)

일반적인 프로그래밍 언어를 이용해서 애플리케이션을 개발할 때 우리는 공통모듈이라고 부르는 파일을 만들게 됩니다. 이 파일에는 자주 사용되는 기능을 메소드로 만들어서 등록해 놓고, 개발자들은 각 화면 개발 시 공통모듈 파일을 import하고 그 기능을 사용합니다.

Vue에서도 이렇게 공통모듈에 해당하는 파일을 만들어서 사용할 수 있는데, 그 중 하나의 방법이 믹스인입니다. 믹스인은 이름에서도 알 수 있듯이 믹스(mix)-인(in), 믹스인 파일을 컴포넌트 안에(in) 삽입해서, 합쳐서(mix) 사용하는 것입니다. 일반적인 언어의 공통모듈처럼 메소드를 정의해서 사용할 수도 있고, 이외에도 Vue의 라이프사이클 훅까지 사용할 수 있습니다. 이벤트 훅까지 사용할 수 있다는 것은 굉장히 큰 장점으로 작용합니다.

믹스인(mixin)은 기능을 따로 구현하고, 필요할 때마다 믹스인 파일을 컴포넌트에 결합해서 사용하는 방법을 말합니다. 예를 들어 애플리케이션 내의 모든 컴포넌트에서는 사용자가 컴포넌트에 접근할 때마다 사용자가 해당 컴포넌트에 대한 접근 권한이 있는지를 체크한다고 가정해 봅시다.

각각의 모든 컴포넌트에서 컴포넌트가 생성되는 시점에(beforeCreate) 사용자의 권한을 체크하는 로직을 다 넣는다고 생각하면 모든 컴포넌트에 중복된 코드가 양산되게 됩니다. 이런 경우 믹스인을 이용해서 사용자 권한을 체크하는 로직을 구현하고, 각각의 컴포넌트에서는 해당 믹스인 파일을 추가만 하면 됩니다.

믹스인은 이처럼 여러 컴포넌트에 동일한 로직을 사용할 필요가 있을 때 매우 유용합니다.

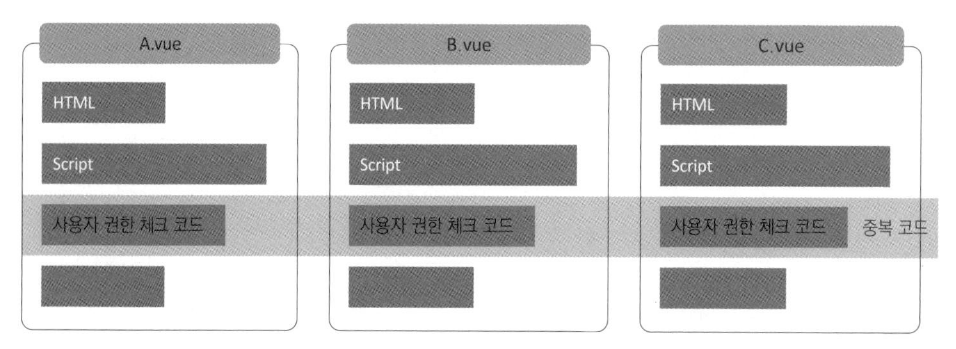

그림 9-2 믹스인을 사용하지 않은 경우 중복코드

이러한 구조에 믹스인을 적용하면,

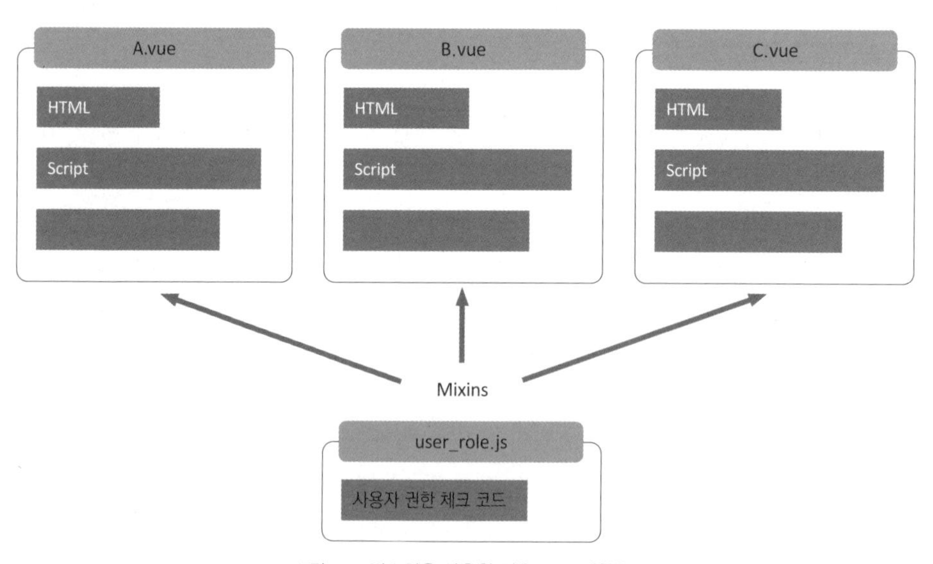

그림 9-3 믹스인을 사용할 경우 코드 재활용

특정 기능을 캡슐화하여 단순히 코드의 수가 줄어들고 재사용성이 늘어나는 것뿐만 아니라 애플리케이션 운영 시에도 큰 이점을 가지게 됩니다. 사용자 권한 체크 로직이 변경이 일어났을 때 믹스인 파일만 수정하면 참조하고 있는 모든 컴포넌트에 반영되기 때문입니다.

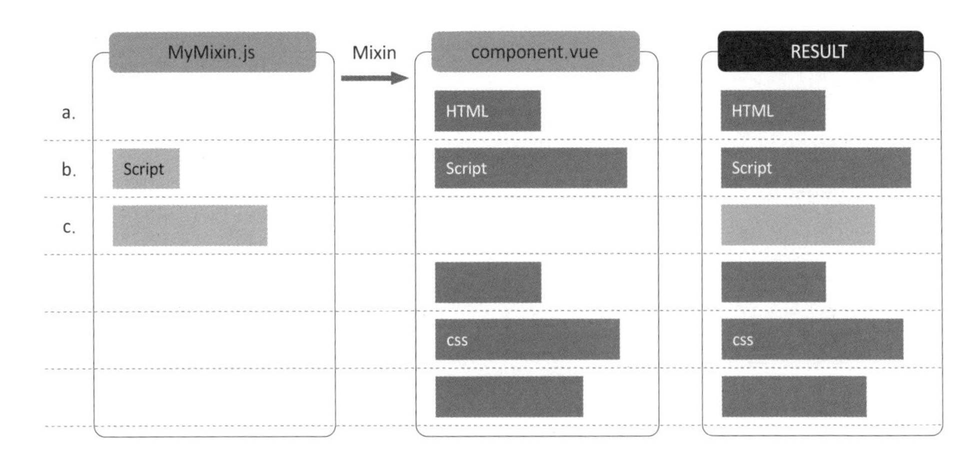

그림 9-4 믹스인을 사용 시 컴포넌트 결과

Mock 서버의 api를 호출하는 메소드를 믹스인 파일로 만들어서 적용하겠습니다. 리스트 랜더링을 배울 때 Mock 서버의 api를 호출하기 위해서 axios를 통한 호출 메소드(callAPI)를 작성했습니다. 이렇게 서버와 통신하기 위한 코드는 대다수의 컴포넌트에서 필요한 기능입니다. 이러한 기능을 믹스인 파일로 만들고 서버 통신이 필요한 컴포넌트에서는 해당 믹스인 파일을 사용하면 됩니다.

axios를 이용해서 서버 데이터를 호출했던 메소드를 믹스인으로 만들어 보겠습니다.

» 9.2.1 믹스인(mixins) 파일 생성

src 폴더에 api.js 파일을 생성합니다. 다음과 같이 axios 패키지를 이용해서 서버와의 데이터 통신을 위한 공통 함수를 작성했습니다.

» 파일경로 vue-project/blob/master/src/api.js

```
import axios from 'axios';
export default {
 methods: {
   async $callAPI(url, method, data) {
     return (await axios({
       method: method,
       url,
       data
     }).catch(e => {
       console.log(e);
     })).data;
   }
 }
}
```

함수 이름은 $callAPI 라고 작성이 되었습니다. 함수 이름에 $라는 prefix를 사용하는 이유는 믹스인 파일을 사용하는 컴포넌트 내에 동일한 메소드명이 있어서 오버라이딩 되는 것을 방지하기 위해서입니다.

일반적으로 컴포넌트에 정의되는 메소드명에는 $와 같은 prefix를 사용하지 않기 때문에 믹스인 파일의 메소드명을 이렇게 작성하면 컴포넌트의 메소드명과 구분할 수 있습니다.

» 9.2.2 컴포넌트에서 믹스인(mixins) 사용

다음과 같이 mixins 프로퍼티에 사용할 믹스인 파일을 정의해서 사용하면 됩니다.

» 파일경로 vue-project/blob/master/src/views/Mixins.vue

```
<script>
import ApiMixin from '../api.js';
export default {
  mixins: [ApiMixin], // 사용할 믹스인 파일을 배열로 등록
  data() {
    return {
```

```
            productList: []
        };
    },
    async mounted() {
        this.productList = await this.$callAPI("https://ada1e106-f1b6-4ff2-be04-
        e311ecba599d.mock.pstmn.io/list","get");
        console.log(this.productList);
    }
}
</script>
```

믹스인은 이렇게 메소드를 정의해서 컴포넌트에서 사용할 수 있게 해줍니다. 이 외에도 믹스인은 컴포넌트에서 일어나는 이벤트 훅을 그대로 이용할 수 있다는 큰 이점을 가지고 있습니다.

» 9.2.3 믹스인(mixin)에서 라이프사이클 훅 이용하기

애플리케이션을 이용하는 사용자가 방문한 페이지 및 페이지에 머문 시간을 기록하는 코드를 작성한다고 가정합시다. 믹스인에 사용자가 특정 페이지에 방문하고 빠져나갈 때 데이터베이스에 시간을 저장하는 메소드를 만들었습니다.

각 컴포넌트에서는 mounted 훅이 발생할 때 믹스인의 방문 시작 메소드를 호출하고, unmounted 훅이 발생할 때 믹스인의 방문 종료 메소드를 호출해서 데이터베이스에 방문 시작 시간과 방문 종료 시간을 기록하여 페이지에 머문 시간을 계산할 수 있습니다.

mounted, unmounted마다 모든 컴포넌트에서 믹스인에 메소드를 호출하는 것은 간편하긴 하지만, 어찌 보면 굉장히 반복적이고 불편한 작업이 될 것입니다. 만약 개발자의 실수로 특정 컴포넌트에 해당 코드를 작성하지 않으면 코드가 작성되지 않은 컴포넌트의 페이지 방문 이력을 기록할 수 없게 됩니다.

믹스인에서는 단순히 메소드만 정의해서 사용하는 것이 아니라, 컴포넌트의 라이프사이클 훅을 그대로 이용할 수 있습니다. 즉, 믹스인 파일에 mounted, unmounted마다 데이터베이스에 방문 시작 시간과 방문 종료 시간을 기록하는 코드를 작성하면, 해당 믹스인 파일을 사용하는 모든 컴포넌트에서는 자동으로 컴포넌트가 mounted, unmounted 될 때 데이터베이스에 방문 기록을 저장할 수 있게 됩니다.

실제로 믹스인 파일의 mounted, unmounted 훅에 작성된 코드가 컴포넌트 안에서 어느 시점에 실행이 되는지 다음 코드를 통해 확인하도록 하겠습니다.

» 파일경로 mixin.js

```
mounted() {
   console.log('믹스인 mounted');
},
unmounted() {
   console.log('믹스인 unmounted');
}
```

» 파일경로 component.vue

```
mixins: [mixin],
mounted() {
   console.log('컴포넌트 mounted');
   //믹스인 mounted
   //컴포넌트 mounted
},
unmounted() {
   console.log('컴포넌트 unmounted');
   //믹스인 unmounted
   //컴포넌트 unmounted
}
```

이 코드를 실행하면 컴포넌트가 mounted 되는 시점에 믹스인에 있는 mounted 코드가 먼저 실행되고, 그 다음 컴포넌트의 mounted 코드가 실행됩니다. 즉, 컴포넌트의 라이프사이클 훅 시점에 동일한 믹스인 라이프사이클 훅 코드가 먼저 실행됩니다. 2개의 파일이 같은 프로퍼티, 같은 라이프사이클 훅끼리 코드가 합쳐지는데, 믹스인 코드가 먼저 실행이 됩니다.

» 9.2.4 믹스인 파일 전역으로 등록하기: main.js에 등록

api를 호출하는 기능은 애플리케이션 내에 거의 모든 컴포넌트에서 사용하는 기능이므로 전역으로 등록해서 각 컴포넌트에서 별도의 mixins 추가 없이 사용할 수 있게 하겠습니다.

다음과 같이 mixins.js 파일을 생성합니다.

» 파일경로 vue-project/blob/master/src/mixins.js

```
import axios from 'axios';

export default {
  methods: {
    async $api(url, method, data) {
      return (await axios({
        method: method,
        url,
        data
      }).catch(e => {
        console.log(e);
      })).data;
    }
  }
}
```

mixins.js 파일을 전역으로 등록하기 위해서 main.js에 다음과 같이 추가합니다.

» 파일경로 https://github.com/seungwongo/vue-project/blob/master/src/main.js

```
import {createApp} from 'vue'
import App from './App.vue'
import router from './router'
import mixins from './mixins'

const app = createApp(App);
app.use(router);
app.mixin(mixins);
app.mount('#app')
```

9.3 Custom Directives

Vue에서는 v-model, v-show 디렉티브같은 기본 디렉티브 외에도 사용자가 직접 디렉티브를 정의해서 사용할 수 있습니다. 웹사이트 방문 시 로그인 페이지에 접속하면 페이지가 열림과 동시에 사용자 ID를 입력하는 필드에 마우스 포커스가 위치해 있는 것을 빈번하게 보았을 것입니다. 사용자가 컴포넌트에 접속했을 때 지정된 입력 필드로 포커스를 위치시킬 수 있는 커스텀 디렉티브를 만들어 보겠습니다. 참고로 커스텀 디렉티브를 전역에서 사용할 수 있도록 등록이 가능하고, 특정 컴포넌트 안에서만 사용하도록 등록도 가능합니다.

main.js에 커스텀 디렉티브를 다음과 같이 추가합니다.

```
const app = createApp(App);
app.directive('focus', {
   mounted(el) {
      el.focus()
   }
})
```

코드를 보면 컴포넌트가 mounted 되면 v-focus 디렉티브를 적용한 HTML 객체로 포커스(el.focus())를 위치시키도록 작성되었습니다. 컴포넌트에서는 다음과 같이 v-focus 디렉티브를 사용하면 v-focus 디렉티브가 정의된 HTML 객체에 마우스 포커스가 위치하게 됩니다.

```
<input type="text" v-focus />
```

실제로 지금 사용한 커스텀 디렉티브는 Vue 애플리케이션 개발 시 main.js에 전역으로 등록해서 많이 사용합니다.

다음은 전역에 등록하는 방법이 아닌, 컴포넌트 내에 등록해서 사용하는 방법을 알아보겠습니다. 다음과 같이 directives 옵션에 정의하면 됩니다.

» 파일경로 vue-project/blob/master/src/views/CustomDirective.vue

```
directives: {
   focus: {
      mounted(el) {
         el.focus()
      }
   }
}
```

커스텀 디렉티브 사용 시에도 데이터 바인딩 처리가 가능합니다. 다음 코드는 v-pin 디렉티브레 데이터 옵션의 position을 바인딩했습니다. 컴포넌트가 mounted 되면 v-pin 디렉티브가 지정된 HTML 객체의 position을 top:50px, left:100px;로 고정시킵니다.

```
<div style="height:1000px;">
   <p v-pin="position">페이지 고정 영역(position:fixed;top:50px,left:100px;)</p>
</div>
```

```
directives: {
   pin: {
      mounted(el,binding) {
         el.style.position = 'fixed';
         el.style.top = binding.value.top + 'px';
         el.style.left = binding.value.left + 'px';
      }
   }
},
data() {
   return {
      position: {top:50, left:100}
   };
}
```

애플리케이션에서 필요한 커스텀 디렉티브를 잘 정의해서 사용한다면 애플리케이션 개발 생산성을 향상시킬 수 있습니다.

9.4 Plugins

우리는 이미 플러그인이 무엇인지 잘 알고 있습니다. 플러그인은 특정 기능을 제공하는 코드이고, 여러분은 Vue 프로젝트를 진행할 때 유용한 플러그인들을 설치하고 사용하고 있습니다. NPM을 통해 설치되는 패키지 역시 플러그인입니다.

플러그인은 때로는 모듈로, 때로는 패키지로 사용될 수 있습니다. 플러그인은 특정 기능을 제공하고 쉽게 설치해서 사용할 수 있습니다. 아마 여러분이 프로젝트를 진행하면서 필요한 대부분의 플러그인은 이미 전 세계 개발자들 중 누군가가 개발해서 NPM에 등록했을 것이고, 여러분은 NPM을 통해 쉽게 설치해서 사용할 수 있습니다. 하지만 대규모 프로젝트를 진행하다 보면 해당 프로젝트에 맞게 특화된 플러그인을 제작해야 하는 상황이 생길 수 있습니다. Vue에서는 직접 플러그인을 제작해서 전역으로 사용할 수 있게 해줍니다.

다국어(i18n)를 처리해 주는 플러그인을 제작해 보겠습니다. src 폴더 밑에 plugins 폴더를 만들고 다음과 같이 i18n.js 파일을 생성합니다.

» 파일경로 vue-project/blob/master/src/plugins/i18n.js

```
export default {
  install: (app, options) => {
    app.config.globalProperties.$translate = key => {
      return key.split('.').reduce((o, i) => {
        if (o) return o[i]
      }, options)
    }
    app.provide('i18n', options); //i18n 키로 다국어 데이터 전달
  }
}
```

플러그인은 install 옵션에서 정의해서 사용할 수 있습니다. app.config.globalProperties를 선언하여 컴포넌트에서 $translate로 바로 접근해서 사용할 수 있습니다.

또한 provide로 다국어 데이터를 전달해서 컴포넌트에서는 inject를 이용해서도 사용 가능합니다. 다국어 플러그인은 전역에서 사용해야 하므로 main.js 파일을 열어서 다국어 플러그인을 사용할 수 있도록 추가해야 합니다.

» 파일경로 vue-project/blob/master/src/main.js

```
import i18nPlugin from './plugins/i18n' //i18n 플러그인 추가
const i18nStrings = {
   en: {
      hi: 'Hello!'
   },
   ko: {
      hi: '안녕하세요!'
   }
}
const app = createApp(App)
app.use(i18nPlugin, i18nStrings) //i18n 플러그인에 다국어 번역 데이터를
파라미터로 전달
app.mount('#app')
```

i18nStrings 변수를 선언해서 다국어 번역이 필요한 내용을 정의한 후 i18nPlugin으로 전달합니다.

이제 모든 컴포넌트에서 다국어 플러그인을 사용할 수 있습니다. 컴포넌트에서 사용하는 방법은 다음과 같습니다.

» 파일경로 vue-project/blob/master/src/views/Plugins.vue

```
<template>
   <div>
      <h2>{{ $translate("ko.hi") }}</h2>  <!-- $translate으로 사용-->
      <h2>{{ i18n.ko.hi }}</h2>           <!-- inject로 사용-->
   </div>
</template>
<script>
export default {
   inject: ['i18n'], //provide로 전달된 i18n을 inject로 사용할 수 있음
   mounted(){
      console.log(this.i18n);
   }
};
</script>
```

Vue.js

프로젝트 투입 일주일 전

CHAPTER 10

Proxy 사용하기

chapter 10

Proxy 사용하기

이번 챕터에서는 클라이언트인 Vue 애플리케이션과 서버 애플리케이션이 각각 별도의 주소(도메인 혹은 포트가 다른 경우)로 운영이 되는 경우 CORS 문제 해결을 위한 방법 중 하나인 프록시(Proxy) 서버를 구성하는 방법에 대해서 알아봅니다.

프로젝트에서는 클라이언트인 Vue 애플리케이션과 서버 애플리케이션을 분리해서 개발하고 각각을 별도의 포트로 운영하게 되는 경우가 많습니다. 이렇게 클라이언트와 서버 애플리케이션 별도의 포트를 사용하는 경우 클라이언트 애플리케이션에서 서버로 HTTP 요청을 하게 되면 CORS 문제가 발생하게 됩니다. 이러한 문제를 해결하기 위해서 Proxy 서버를 사용하게 됩니다.

10.1 프록시(proxy) 서버

프록시(proxy) 서버는 클라이언트가 자신을 통해서 다른 네트워크 서비스에 간접적으로 접속할 수 있게 해주는 응용 프로그램입니다. 서버와 클라이언트 사이에 중계기로써 대리로 통신을 수행하는 것을 프록시(proxy), 그 중계 기능을 하는 것을 프록시(proxy) 서버라고 합니다.

10.2 CORS란

웹 애플리케이션에서 도메인, 포트, 프로토콜이 다른 곳으로 HTTP 요청을 보낼 수 없도록 브라우저가 요청을 막는 보안 정책입니다.

10.3 CORS 해결방법

서버에서 접근을 허용해주면 됩니다.

// Node.js express 서버의 예시

```
app.all('/*', function(req, res, next) {
   res.header("Access-Control-Allow-Origin", "*");
   res.header("Access-Control-Allow-Headers", "X-Requested-With");
   next();
});
```

01 프록시(proxy) 서버를 이용합니다.

클라이언트(브라우저)와 서버 사이에서 HTTP 요청과 응답을 대신 처리해주는 역할을 하는 서버를 프록시 서버라고 합니다.

여기서는 프록시 서버를 이용하는 방법을 알려드리려고 합니다.

10.4 Proxy 설정하기

프로젝트 루트 디렉토리(package.json 파일과 같은 위치)에 vue.config.js 파일을 생성합니다. vue.config.js 파일을 열고 다음 코드를 작성합니다.

» 파일경로 vue-project/blob/master/vue.config.js

```
const target = 'http://127.0.0.1:3000'; //proxy 요청을 보낼 서버 주소

module.exports = {
   devServer: {
      port: 8080,
      proxy: {
      //proxy 요청을 보낼 api 시작 부분
         '^/api': {
            target,
            changeOrigin: true
         }
      }
```

```
    }
  }
```

Vue에서 proxy를 설정하고 클라이언트(브라우저)에서 HTTP 요청(포트:8080)을 하면 proxy 서버가 웹 서버로 HTTP 요청(포트:3000)을 대신 함으로써 CORS 문제를 해결할 수 있습니다.

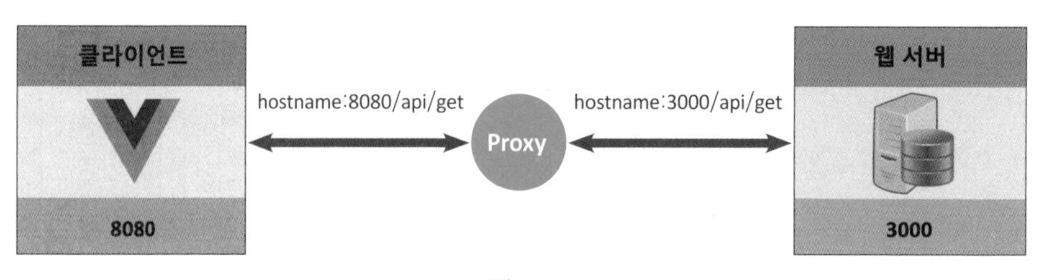

그림 10-1

10.5 서버에서 CORS 해결

이 책에서는 서버를 다루지 않기 때문에 10.4에서 서버를 배제하고 할 수 있는 방법인 vue.config.js의 devServer에 proxy를 설정했습니다. 이렇게 설정할 경우, 개발환경에서는 정상적으로 수행되지만, 운영환경에서는 실행되지 않게 됩니다. CORS를 정확히 해결하려면 결국 서버에서 처리해야 합니다.

API를 요청받는 서버에서 서버 헤더 중 Access-Control-Allow-Origin이라는 프로퍼티에 CORS를 허용해줄, 즉 클라이언트 도메인 주소를 등록해서 해결할 수 있습니다.

서버 프로그램 중 하나인 Node.js를 예로 설명 드리겠습니다. Node.js의 경우 cors라는 모듈을 활용하여 다음과 같이 해결할 수 있습니다. Node에서 웹서버 역할을 하는 app.js 파일에 다음과 같은 코드를 추가합니다.

```
const cors = require('cors');

let corsOption = {
 origin: 'http://localhost:8080', // 허락하는 요청 주소
 credentials: true // true로 하면 설정한 내용을 response 헤더에 추가 해줍니다.
}

app.use(cors(corsOption)); // CORS 미들웨어 추가
```

그리고 Vue에서는 다음과 처리를 해야 합니다. axios를 import한 소스 파일에서 (이 책에서는 mixins.js) 다음과 같은 코드를 추가합니다.

```
import axios from 'axios';
axios.defaults.baseURL = 'http://localhost:3000'; //서버주소
axios.defaults.headers.post['Content-Type'] = 'application/json;charset=utf-8';
axios.defaults.headers.post['Access-Control-Allow-Origin'] = '*';
```

이렇게 설정하면 vue.config.js의 proxy 설정 없이 개발환경이나 운영환경에서 CORS 문제를 해결할 수 있습니다.

Vue.js 프로젝트 투입 일주일 전

CHAPTER 11

Vuex (v4.x)

Vuex(v4.x)

애플리케이션이 복잡해지고 컴포넌트 수가 많아지면, 컴포넌트 간의 데이터 전달 및 관리가 점점 어려워집니다. Vuex는 Vue에서 모든 컴포넌트가 접근 가능한 중앙 집중식 저장소를 두고 데이터 관리 및 상태 관리를 할 수 있도록 해주는 상태 관리 패턴 + 라이브러리입니다. 이번 챕터에서는 Vuex의 설치 및 사용방법에 대해서 알아봅니다.

11.1 Vuex란?

복잡한 애플리케이션에서 컴포넌트 수가 많아지면 컴포넌트 간의 데이터 전달이 어려워집니다. Vuex는 Vue.js 애플리케이션을 위한 상태관리 패턴+라이브러리 입니다. 모든 컴포넌트에 대한 중앙집중식 저장소 역할을 하며 예측 가능한 방식으로 상태를 변경할 수 있습니다.

Vuex를 이용하지 않는다면 컴포넌트 간에 데이터를 주고받는 것은 방법은 있지만, 대규모 프로젝트가 될수록 매우 복잡해집니다. 데이터를 store에 저장하고, 프로젝트 전체에서 사용할 수 있도록 해주는 것이 Vuex입니다.

11.2 Vuex 설치

터미널에서 다음 명령어를 통해 설치합니다.

```
npm install vuex@next --save
```

11.3 시작하기

모든 Vuex 애플리케이션의 중심에는 store가 있습니다. 저장소(store)는 애플리케이션 상태를 저장하고 있는 컨테이너입니다.

Vuex 저장소가 일반 전역 개체와 두 가지 다른 점이 있습니다. Vuex store는 반응형입니다. Vue 컴포넌트는 저장소의 상태(state)를 검색할 때 저장소의 상태에 정의된 변수 값의 변경 여부를 바로 알 수 있습니다. 저장소의 상태를 직접 변경할 수 없습니다. 저장소의 상태를 변경하는 유일한 방법은 명시적인 커밋을 이용한 변이입니다. 이렇게 하면 모든 상태에 대한 추적이 가능한 기록이 남을 수 있으며 툴을 사용하여 앱을 더 잘 이해할 수 있습니다.

아주 단순한 형태의 store를 하나 만들어 보겠습니다.

» 파일경로 vue-project/blob/master/src/store.js

```
import { createStore } from 'vuex'

const store = createStore({
  state () {
    return {
      count: 0
    }
  },
  mutations: {
    increment (state) {
      state.count++
    }
  }
})

export default store;
```

Vue 컴포넌트에서는 this.$store로 접근이 가능합니다.

» 파일경로 vue-project/blob/master/src/views/StoreAccess.vue

```
<template>
  <p>Count : {{count}}</p>
  <button type="button" @click="increment">Increment</button>
```

```
</template>
<script>
  export default {
    computed: {
      count() {
        return this.$store.state.count;
      }
    },
    methods: {
      increment() {
        this.$store.commit('increment');
      }
    }
  }
</script>
```

여기서 저장소의 state에 바로 접근해서 변경하는 것이 아니라, commit를 통해서만 변경을 할 수 있습니다.

11.4 State

state는 프로젝트 전체에서 공통으로 사용할 변수를 정의하는 곳입니다. state에 변수를 정의함으로써, 모든 컴포넌트에서 사용 가능합니다. State 관리를 통해 모든 컴포넌트에서 동일한 값을 사용할 수 있습니다.

state에 정의된 변수는 Vue 컴포넌트에서는 computed 속성을 이용해서 그 변경사항을 항상 추적할 수 있습니다.

```
computed: {
  count() {
    return this.$store.state.count;
  }
}
```

11.5 Getters

우리가 쇼핑몰을 이용할 때를 생각해 보겠습니다. 쇼핑몰 웹사이트에서 장바구니에 다음 제품의 수가 항상 화면 상단의 장바구니 아이콘에 표기되는 것을 보았을 것입니다. 어떤 화면에서든지 제품을 장바구니에 추가하면 바로 장바구니 아이콘의 제품 수가 증가하는 것을 확인할 수 있습니다.

장바구니에 담긴 제품 데이터를 저장소의 state에 변수로 관리하고 있다면 장바구니에 담긴 제품 수, 특정 카테고리 제품 리스트 등을 getters를 정의하여 쉽게 가져올 수 있습니다.

» 파일경로 vue-project/blob/master/src/store.js

```
import {
   createStore
} from 'vuex'

const store = createStore({
   state() {
      return {
         count: 0,
         cart: [{
            product_id: 1,
            product_name: "아이폰 거치대",
            category: "A"
         }]
      }
   },
   getters: {
      cartCount: (state) => {
         return state.cart.length;
      }
   },
   mutations: {
      increment(state) {
         state.count++
      }
   }
})

export default store;
```

Vue 컴포넌트에서 다음과 같이 저장소의 getters에 정의된 값에 접근할 수 있습니다.

» 파일경로 vue-project/blob/master/src/views/StoreAccess.vue

```
computed: {
   cartCount() {
      return this.$store.getters.cartCount;
   }
}
```

11.6 Mutations

Vuex는 state에 정의된 변수를 직접 변경하는 것을 허용하지 않습니다. 반드시 mutations을 이용해서 변경을 해야 합니다. 즉 mutations은 state을 변경시키는 역할을 합니다. mutations은 비동기(Async) 처리가 아니라 동기(Sync) 처리를 통해 state에 정의된 변수의 변경사항을 추적할 수 있게 해줍니다.

다음과 같이 mutations에 정의된 함수를 commit를 통해서 호출하는 것으로 저장소의 state에 정의된 변수의 값을 변경할 수 있습니다.

```
methods: {
   increment() {
      this.$store.commit('increment');
   }
}
```

11.7 Actions

actions은 mutations과 매우 유사한 역할을 합니다. action을 통해 mutations에 정의된 함수를 실행시킬 수 있습니다. mutations이 있는데 왜 굳이 action을 통해서 mutations을 실행하는지 의문이 생길 수 있습니다. actions에 정의된 함수 안에서는 여러 개의 mutations을 실행시킬 수 있을 뿐만 아니라, mutations과 달리 비동기 작업이 가능합니다. 즉, actions에 등록된 함수는 비동기 처리 후 mutations을 커밋할 수 있어서 저장소(store)에서 비동기 처리 로직을 관리할 수 있게 해줍니다.

```
actions: {
   increment(context) {
      //비동기 처리 로직 수행 가능
      context.commit('increment')
   }
}
```

11.8 Vuex 실무 예제

Vuex에 대해 실무에서 가장 많이 사용되는 예는 필자의 경우 사용자가 로그인을 하면 사용자 정보를 Vuex의 store에 저장해서 사용합니다. 모든 컴포넌트에서는 사용자가 로그인 했는지 정보를 알 필요가 있습니다.

사용자 계정(account) 정보를 프로젝트 전체에 걸쳐서 변경사항을 관리해야 하는 데이터를 처리할 때 매우 유용합니다.

```
import {
   createStore
} from 'vuex'

import persistedstate from 'vuex-persistedstate';

const store = createStore({
   state() {
      return {
         user: {}
      }
   },
   mutations: {
      user(state, data) {
         state.user = data;
      }
   },
   plugins: [
      persistedstate({
         paths: ['user']
      })
   ]
});

export default store;
```

Vue.js 프로젝트 투입 일주일 전

CHAPTER 12

프로젝트 배포하기

chapter 12

프로젝트 배포하기

이번 챕터에서는 개발된 Vue 프로젝트를 운영 환경으로 배포하기 위한 배포 파일을 생성하는 방법에 대해서 알아봅니다.

12.1 프로젝트 빌드(build) 하기

터미널에서 다음 명령어를 실행해서 배포 파일을 생성합니다.

```
npm run build
```

명령어를 실행하면 다음과 같이 프로젝트 배포를 위한 파일이 프로젝트 루트 디렉토리의 dist 폴더에 생성됩니다.

```
seungwongo@Seungwonui-MacBookPro vue-project % npm run build

> vuejs3x@0.1.0 build /Users/seungwongo/Documents/github/vue-project
> vue-cli-service build


  Building for production...

 DONE  Compiled successfully in 8022ms

  File                                      Size                  Gzipped

  dist/js/chunk-vendors.c0287a45.js         151.14 KiB            53.86 KiB
  dist/js/app.b38f082e.js                   20.21 KiB             5.73 KiB
  dist/js/databindinglist.afa573b4.js       1.65 KiB              0.65 KiB
  dist/js/databindinglist2.6958f51c.js      1.59 KiB              0.73 KiB
  dist/js/kakaologin.d5ba1077.js            1.39 KiB              0.78 KiB
  dist/js/slot.b2103fd6.js                  1.21 KiB              0.57 KiB
  dist/js/databindingradio.ceb90c8d.js      1.21 KiB              0.50 KiB
  dist/js/composition.0c2a049a.js           1.15 KiB              0.51 KiB
  dist/js/databindingcheckbox2.89638ce5.js  1.13 KiB              0.48 KiB
  dist/js/calculator.562f9fea.js            1.10 KiB              0.49 KiB
  dist/js/composition4.69bc0655.js          1.07 KiB              0.50 KiB
  dist/js/composition3.311c970b.js          1.04 KiB              0.49 KiB
  dist/js/parent5.2271f8d4.js               1.02 KiB              0.55 KiB
  dist/js/composition2.3a19fab2.js          0.97 KiB              0.46 KiB
  dist/js/naverlogin.7e972600.js            0.96 KiB              0.63 KiB
```

```
dist/js/parent3.3e84cc35.js                 0.86 KiB            0.52 KiB
dist/js/parent.38cab383.js                  0.79 KiB            0.50 KiB
dist/js/eventchange.66c02a31.js             0.77 KiB            0.45 KiB
dist/js/watch2.5bbaf0c6.js                  0.75 KiB            0.42 KiB
dist/js/mixins.e9f5ced3.js                  0.73 KiB            0.46 KiB
dist/js/store.eb74d609.js                   0.72 KiB            0.39 KiB
dist/js/parent2.affe0a7f.js                 0.67 KiB            0.44 KiB
dist/js/parent4.9e812240.js                 0.67 KiB            0.44 KiB
dist/js/provide.1765ac5f.js                 0.63 KiB            0.36 KiB
dist/js/databindingselect.2425d6cd.js       0.63 KiB            0.39 KiB
dist/js/composition_provide.3fa26f1a.js     0.62 KiB            0.36 KiB
dist/js/eventclick.a8e5ec31.js              0.60 KiB            0.37 KiB
dist/js/databindingbutton.29f8e6c4.js       0.58 KiB            0.36 KiB
dist/js/databindingclass2.2b09a11b.js       0.57 KiB            0.35 KiB
dist/js/databindingcheckbox.f83e1388.js     0.57 KiB            0.35 KiB
dist/js/databindingclass.54dbd3e6.js        0.56 KiB            0.36 KiB
dist/js/databindingtextarea.8207ae0d.js     0.53 KiB            0.37 KiB
dist/js/watch.47c9940a.js                   0.53 KiB            0.31 KiB
dist/js/databindinginputnumber.5aceec12.js  0.52 KiB            0.34 KiB
dist/js/renderingvif.10556382.js            0.51 KiB            0.30 KiB
dist/js/databindinginputtext.3031e8aa.js    0.51 KiB            0.33 KiB
dist/js/databindinghtml.41e9bcab.js         0.50 KiB            0.32 KiB
dist/js/plugins.0b6d06a2.js                 0.46 KiB            0.30 KiB
dist/js/computed.e391b1fe.js                0.45 KiB            0.30 KiB
dist/js/databindingattribue.a3918acb.js     0.43 KiB            0.30 KiB
dist/js/databindingstyle.260e0675.js        0.41 KiB            0.32 KiB
dist/js/about.0d6dd32f.js                   0.34 KiB            0.26 KiB
dist/css/app.39f62706.css                   0.59 KiB            0.33 KiB
dist/css/databindinglist.ceb07593.css       0.17 KiB            0.14 KiB
dist/css/databindinglist2.6b86fceb.css      0.17 KiB            0.14 KiB
dist/css/databindingclass.de0b1375.css      0.15 KiB            0.12 KiB
dist/css/databindingclass2.0aca9c0b.css     0.15 KiB            0.13 KiB
dist/css/slot.0ed1fd4a.css                  0.05 KiB            0.07 KiB

Images and other types of assets omitted.

 DONE  Build complete. The dist directory is ready to be deployed.
 INFO  Check out deployment instructions at https://cli.vuejs.org/guide/deployment.html
```

그림 12-1 프로젝트 배포 파일 생성

생성된 dist 폴더를 보면 css, img, js 폴더와 index.html이 생성된 것을 확인할 수 있습니다.

그림 12-2 dist 폴더

js폴더를 열어보면 우리가 작성한 모든 js 파일과 vue 컴포넌트 파일에 해당하는 js 파일이 생성된 것을 확인할 수 있습니다.

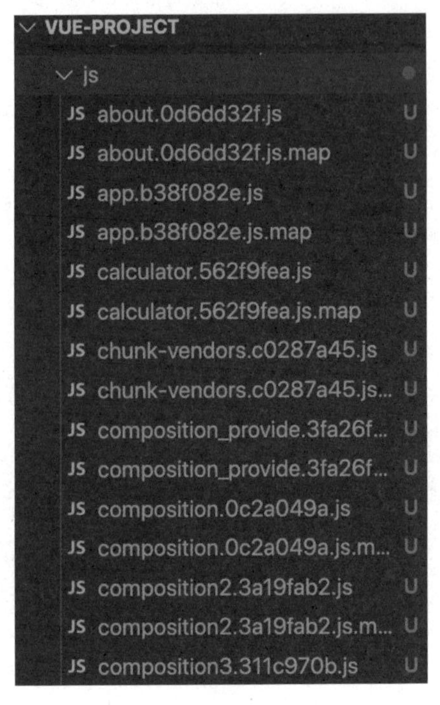

그림 12-3 dist → js 폴더

서비스를 운영하고자 하는 호스팅 서버에 dist 폴더의 파일을 업로드 해서 서비스를 구동하면 됩니다. index.html 파일이 Vue 프로젝트 실행 파일이 됩니다.

Vue.js 프로젝트 투입 일주일 전

CHAPTER 13

미니프로젝트: 로그인 처리

chapter 13

미니프로젝트: 로그인 처리

13.1 카카오 계정으로 로그인하기

이제 SNS 계정을 이용한 로그인 기능을 제공하는 것은 필수라고 생각할 수 있을 만큼 대다수의 서비스에서는 별도의 회원가입 처리 없이 사용자가 이미 이용하고 있는 구글, 카카오, 네이버, 페이스북 등과 같은 SNS 계정 정보를 이용해서 로그인이 가능하도록 하는 기능을 제공하고 있습니다.

해외 대다수의 서비스가 구글, 페이스북과 같은 SNS 계정을 이용한 로그인 기능을 제공하는 것처럼, 국내 서비스 대부분은 카카오 계정을 이용한 로그인 기능을 제공하고 있습니다.

카카오 계정으로 로그인은 OAuth 2.0 기반의 사용자 인증 기능을 제공해 우리가 개발하는 애플리케이션 내에서 카카오의 사용자 인증 기능을 이용할 수 있게 해주는 서비스입니다. 사용자 입장에서는 회원가입 절차와 같은 귀찮은 작업을 수행할 필요가 없으며, 별도의 아이디나 비밀번호를 기억할 필요 없이 서비스를 안전하게 이용할 수 있습니다.

카카오 계정으로 로그인한 사용자의 이름, 메일 주소, 전화번호 같은 프로필 정보를 사용자의 동의하에 API로 제공받을 수 있습니다.

» 13.1.1 카카오 개발자 센터 가입

카카오 로그인 서비스를 이용하기 위해서는 먼저 카카오 개발자 센터에 가입을 해야 합니다.

01 카카오 개발자 센터(https://developers.kakao.com/)에 접속한 다음 회원가입합니다.

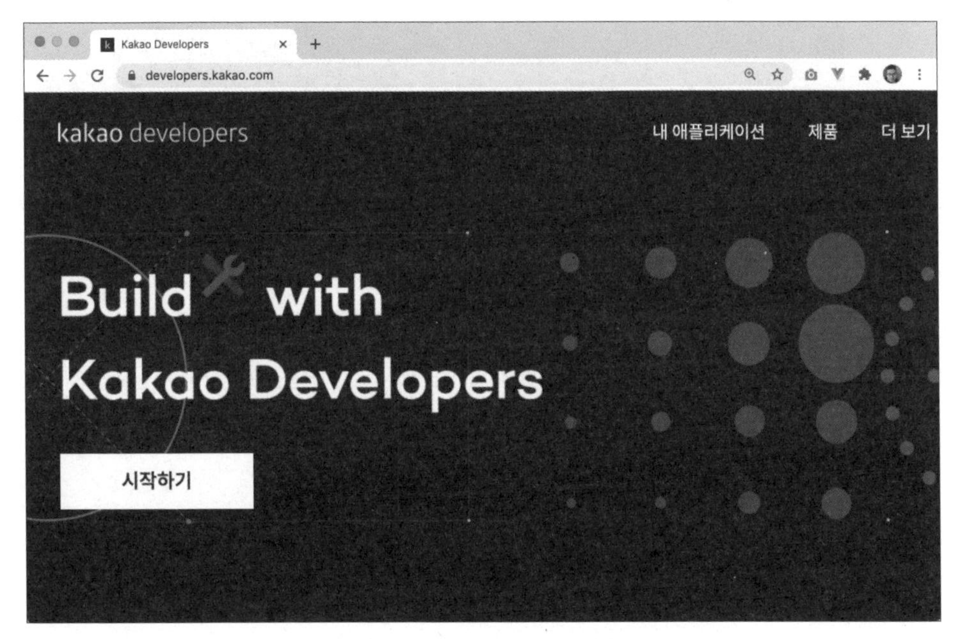

그림 13-1 카카오 개발자 센터 웹 사이트

02 회원 가입한 정보로 로그인을 한 다음 우측 상단의 '내 애플리케이션' 메뉴를 클릭합니다.

» 13.1.2 애플리케이션 등록

내가 구현하고 있는 애플리케이션 내에서 카카오 로그인 기능을 이용하기 위해서는 애플리케이션을 먼저 등록해야 합니다.

03 '애플리케이션 추가하기' 버튼을 클릭합니다.

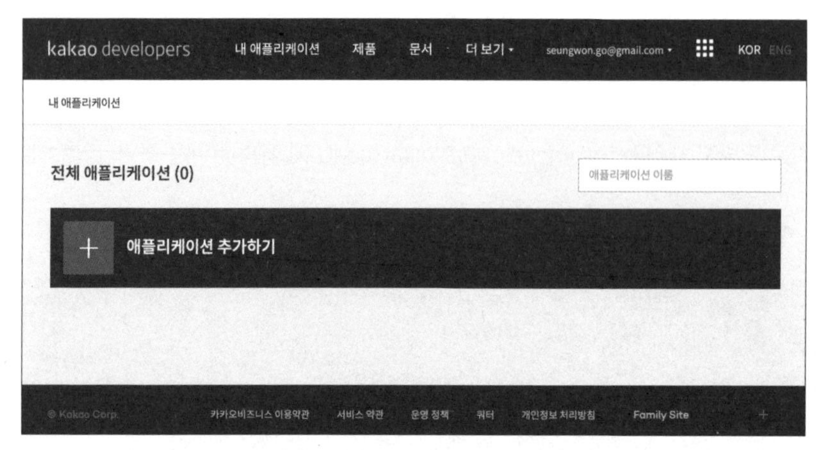

그림 13-2 카카오 개발자 센터(애플리케이션 추가)

04 구현하고 있는 애플리케이션의 대표 이미지를 등록하고, 앱 이름, 사업자명을 등록한 후 '저장' 버튼을 클릭합니다.

그림 13-3 카카오 개발자 센터(애플리케이션 내용 입력)

05 다음과 같이 내가 구현하고 있는 애플리케이션이 하나 등록됩니다.

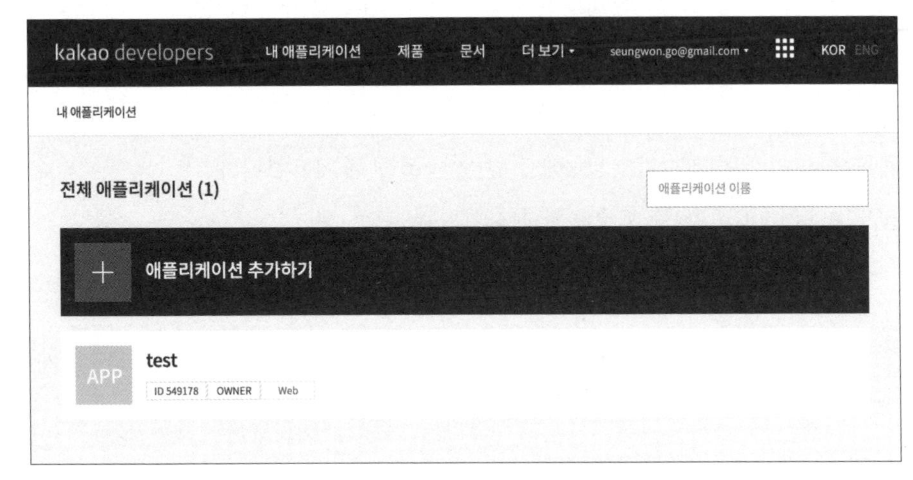

그림 13-4 카카오 개발자 센터(애플리케이션 추가 완료)

06 생성된 애플리케이션을 클릭합니다.

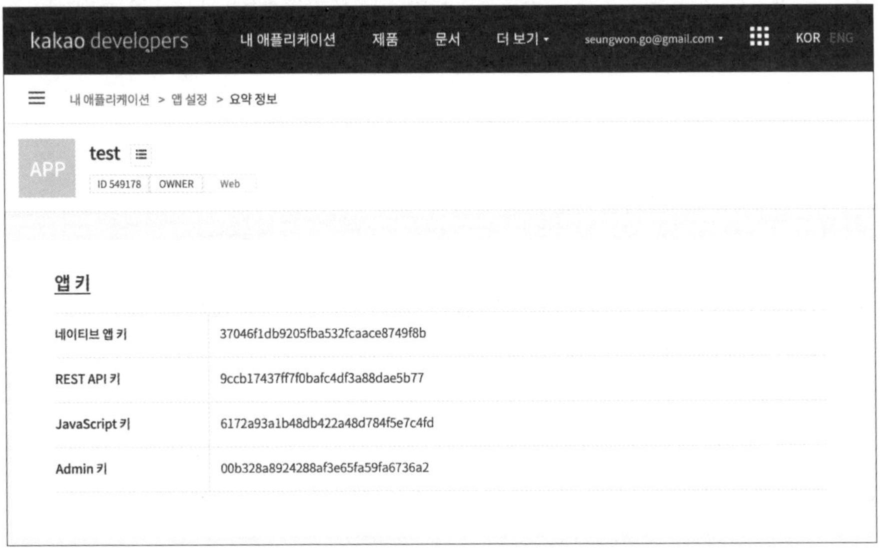

kakao developers　내 애플리케이션　제품　문서　더 보기　seungwon.go@gmail.com　KOR ENG

내 애플리케이션 > 앱 설정 > 요약 정보

APP　test　ID 549178　OWNER　Web

앱 키

네이티브 앱 키	37046f1db9205fba532fcaace8749f8b
REST API 키	9ccb17437ff7f0bafc4df3a88dae5b77
JavaScript 키	6172a93a1b48db422a48d784f5e7c4fd
Admin 키	00b328a8924288af3e65fa59fa6736a2

그림 13-5 카카오 개발자 센터(애플리케이션 요약 정보)

책에서는 'test'라는 이름으로 애플리케이션을 만들었습니다. test를 클릭합니다.

개발하고 있는 애플리케이션에서 사용할 수 있는 앱 키가 발행이 됩니다. 네이티브 앱 키, REST API 키, JavaScript 키, Admin 키를 확인할 수 있습니다. 우리는 Vue.js 내에서 자바스크립트로 구현할 것이기 때문에, JavaScript 키를 사용할 것입니다.

- 네이티브 앱 키: Android, iOS SDK에서 API를 호출할 때 사용합니다.
- JavaScript 키: 자바스크립트 SDK에서 API를 호출할 때 사용합니다.
- REST API 키: REST API를 호출할 때 사용합니다.
- Admin 키: 모든 권한을 갖고 있는 키입니다.

앱 키는 우리가 구현하고 있는 애플리케이션 내에서 카카오 로그인 기능을 사용할 때 인증을 위해 사용됩니다.

앱 키를 클릭하면 다음과 같이 앱 키를 재발급받을 수 있는 화면이 나타납니다. 애플리케이션을 운영하다가 앱 키가 노출되었을 때 애플리케이션을 새로 등록할 필요 없이 여기서 앱 키를 재발급받으면 됩니다.

그림 13-6 카카오 개발자 센터(애플리케이션 앱 키 재발급)

07 다시 내 애플리케이션 → 앱 설정 → 요약 정보 화면으로 이동합니다.

요약 정보 화면을 보면 우리가 앞서 확인한 앱 키 외에도 플랫폼 및 기본 정보를 확인할 수 있습니다.

» 13.1.3 플랫폼 설정하기

08 중간에 있는 '플랫폼' 링크를 클릭합니다.

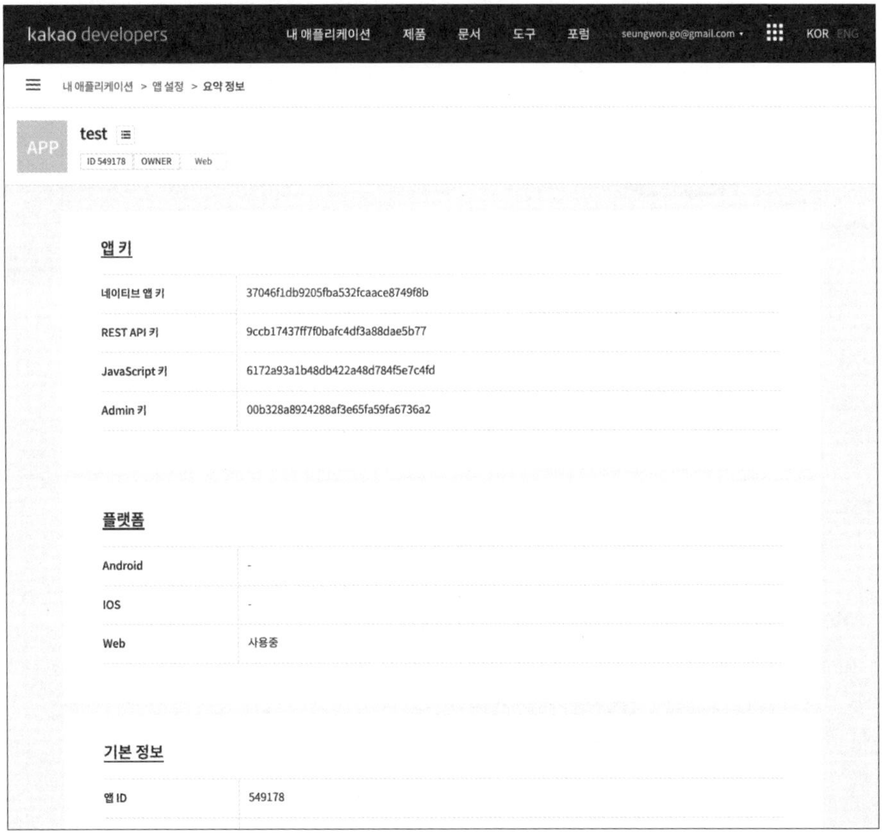

그림 13-7 카카오 개발자 센터(플랫폼 설정하기)

Android 플랫폼, iOS 플랫폼, Web 플랫폼을 등록할 수 있는 화면입니다.

09 웹에서 사용할 것이기 때문에 제일 하단에 있는 'Web 플랫폼 등록' 버튼을 클릭합니다.

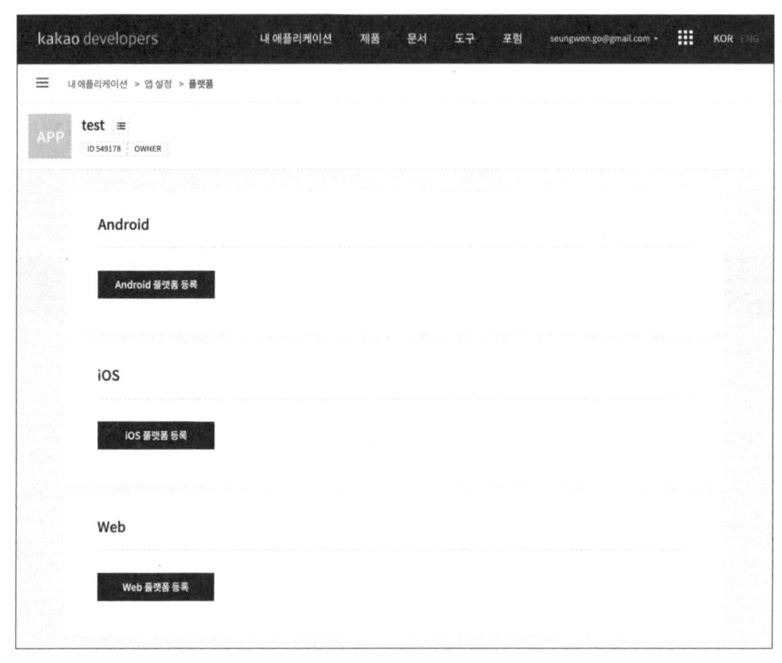

그림 13-8 카카오 개발자 센터(플랫폼 선택)

다음과 같이 사이트 도메인을 등록할 수 있는 팝업 화면이 나타납니다.

Web 플랫폼 등록

사이트 도메인

JavaScript SDK, 카카오링크, 카카오맵, 메시지 API 사용시 등록이 필요합니다.
여러개의 도메인은 줄바꿈으로 추가해주세요. 최대 10까지 등록 가능합니다. 추가 등록은 포럼(데브톡)으로 문의주세요.
예시: (O) https://example.com (X) https://www.example.com

http://localhost:8080

취소 저장

그림 13-9 카카오 개발자 센터(Web 플랫폼 등록)

10 사이트 도메인에 'http://localhost:8080'을 입력하고 저장 버튼을 클릭합니다.

로컬에서 진행하고 있다면 vue 실행 시 자동으로 8080 포트로 실행됩니다. 만일 별도의 도메인 혹은 다른 포트를 사용하고 있다면 현재 Vue 컴포넌트를 실행하고 있는 도메인 주소를 입력합니다.

사이트 도메인을 등록하고 나면 팝업이 사라지고 'Web 플랫폼 등록' 버튼이 있었던 영역에 등록한 사이트 도메인 정보가 나타납니다.

» 13.1.4 카카오 로그인 활성화

사이트 도메인 밑에 '카카오 로그인 사용 시 Redirect URI를 등록해야 합니다.'라는 글자가 보입니다.

11 '등록하러 가기'를 클릭합니다.

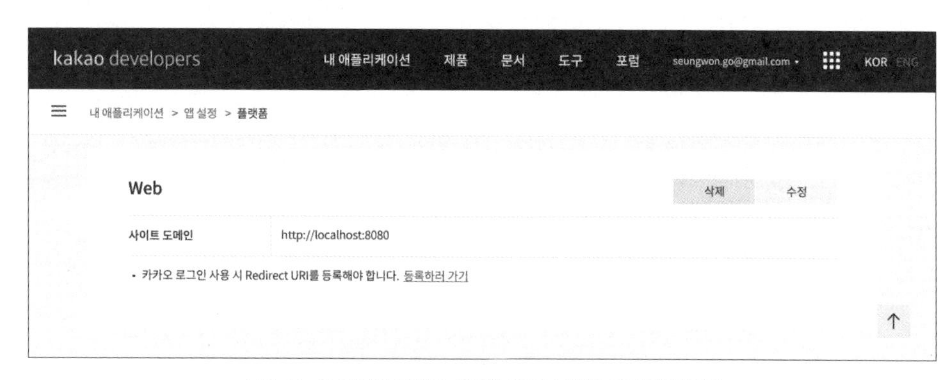

그림 13-10 카카오 개발자 센터(사이트 도메인 등록하러 가기)

12 카카오 로그인 활성화 설정 상태가 OFF가 되어 있습니다. OFF 버튼을 클릭합니다.

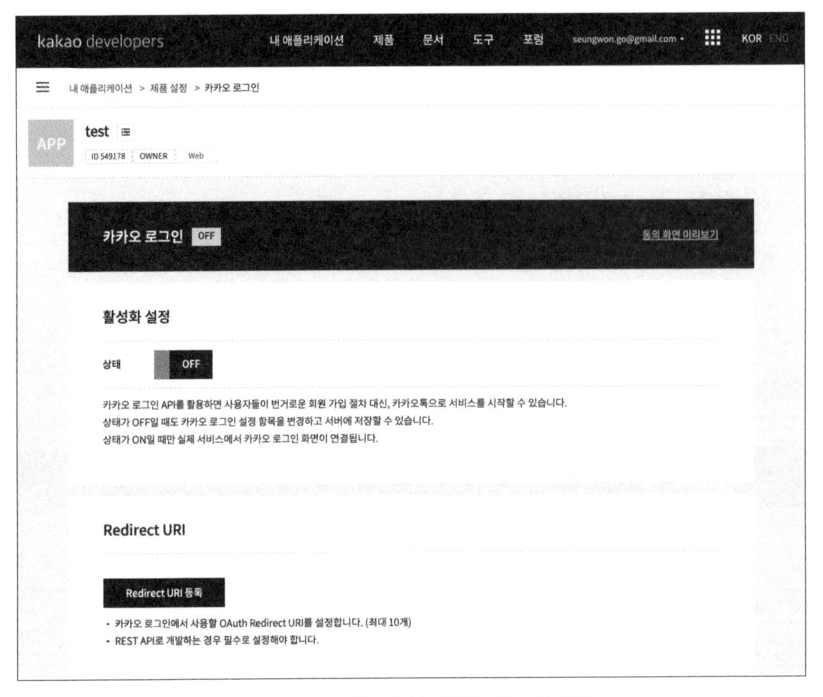

그림 13-11 카카오 개발자 센터(카카오 로그인)

OFF 버튼을 클릭하면 다음과 같이 카카오 로그인 활성화를 위한 팝업 화면이 나타납니다.

13 활성화 버튼을 클릭해서 카카오 로그인을 활성화 합니다.

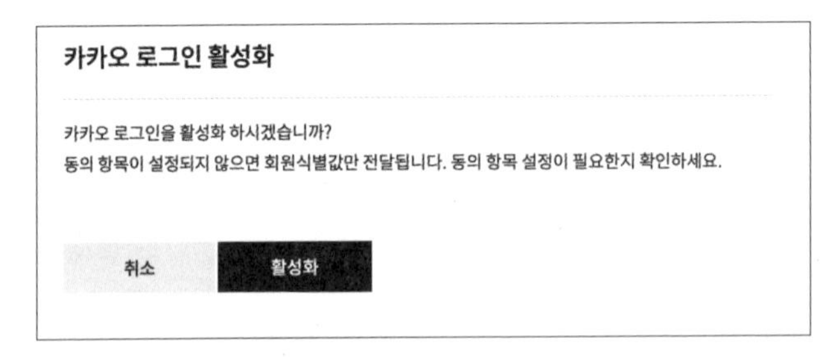

그림 13-12 카카오 개발자 센터(카카오 로그인 활성화)

활성화가 되면 활성화 설정 상태 OFF가 ON으로 바뀐 것을 확인할 수 있습니다. 이제 Redirect URI를 등록합니다.

14 사용자가 '카카오 계정으로 로그인' 버튼을 클릭하면 카카오 서비스로 연동되어 다음과 같은 사용자 동의 화면이 나타납니다.

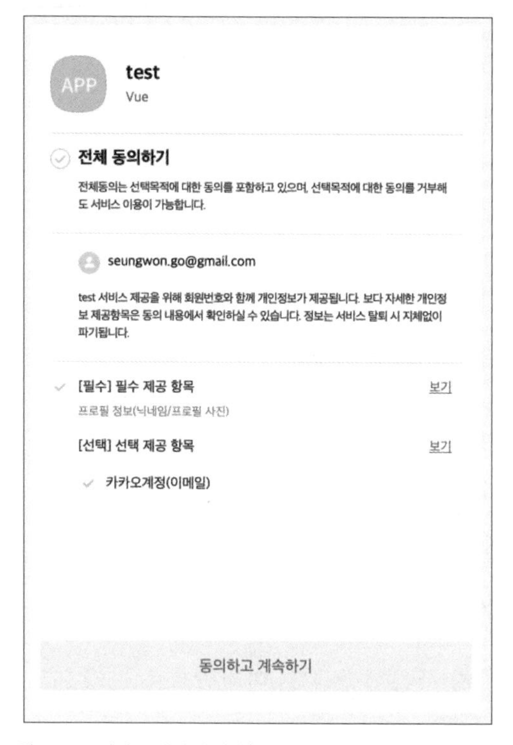

그림 13-13 카카오 개발자 센터(카카오 로그인 동의하고 계속하기)

사용자가 '동의하고 계속하기' 버튼을 클릭하면 Redirect URI가 등록됩니다. 등록한 Redirect URI 주소로 카카오 서비스를 호출해서 사용할 수 있습니다.

카카오 서비스에서 사용자의 기본 정보를 보내면, 우리가 개발하고 있는 애플리케이션 내에서 이 정보를 이용해서 로그인 처리를 진행하게 됩니다.

15 Redirect URI 등록 버튼을 클릭합니다.

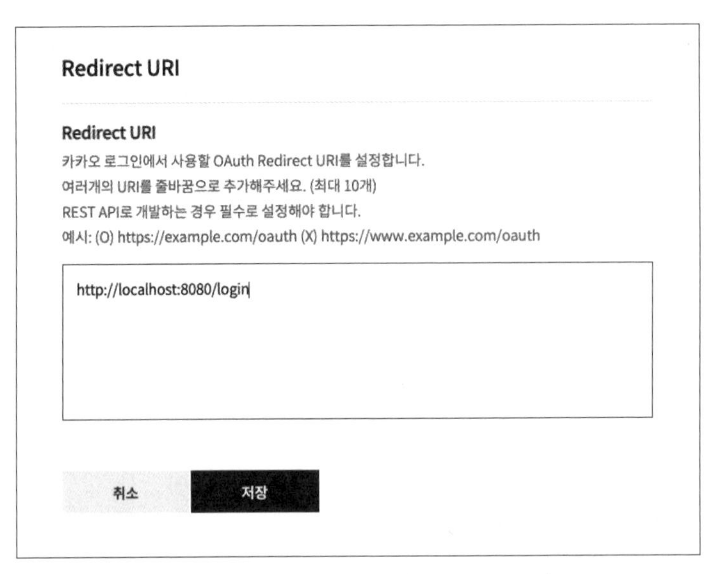

그림 13-14 카카오 개발자 센터(Redirect URI 등록)

Login.vue 파일을 만들어서 카카오 로그인을 구현할 것이므로 Redirect URI에 'http://localhost:8080/login'을 입력하고 저장 버튼을 클릭합니다.

이제 Redirect URI까지 등록했습니다. 마지막으로 카카오 로그인을 통해 받아올 사용자 정보를 설정하겠습니다.

» 13.1.5 동의항목 설정

16 메뉴에서 '내 애플리케이션 → 제품 설정 → 카카오 로그인 → 동의항목'으로 이동합니다.

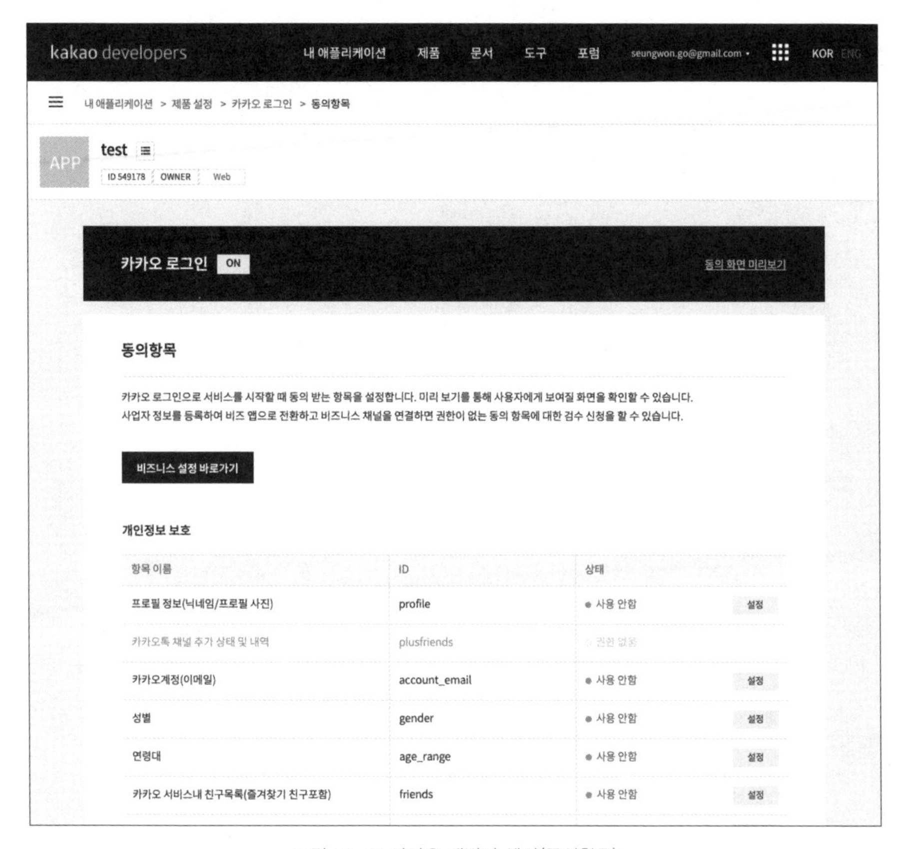

그림 13-15 카카오 개발자 센터(동의항목)

동의항목은 카카오 로그인으로 서비스를 시작할 때 동의받는 항목을 설정하는 화면입니다.

동의항목은 다음과 같이 개인정보와 접근권한이 있습니다.

개인정보 보호

항목 이름	ID	상태	
프로필 정보(닉네임/프로필 사진)	profile	● 사용 안함	설정
카카오톡 채널 추가 상태 및 내역	plusfriends	○ 권한 없음	
카카오계정(이메일)	account_email	● 사용 안함	설정
성별	gender	● 사용 안함	설정
연령대	age_range	● 사용 안함	설정
카카오 서비스내 친구목록(즐겨찾기 친구포함)	friends	● 사용 안함	설정
생일	birthday	● 사용 안함	설정
출생 연도	birthyear	○ 권한 없음	
카카오계정(전화번호)	phone_number	○ 권한 없음	
CI(연계정보)	account_ci	○ 권한 없음	
배송지정보(수령인명, 배송지 주소, 전화번호)	shipping_address	○ 권한 없음	

그림 13-16 카카오 개발자 센터(개인정보 보호)

접근권한 관리

항목 이름	ID	상태	
카카오스토리 글 목록	story_read	● 사용 안함	설정
카카오스토리 글 작성	story_publish	● 사용 안함	설정
카카오톡 메시지 전송	talk_message	● 사용 안함	설정

그림 13-17 카카오 개발자 센터(접근권한 관리)

17 내 애플리케이션에서 사용할 항목을 확인하고, 사용할 항목의 '설정' 버튼을 클릭합니다.

책에서는 프로필 정보(닉네임/프로필 사진)과 카카오계정(이메일), 이 두 가지에 대해서 설정하겠습니다.

동의 항목 설정
항목
프로필 정보(닉네임/프로필 사진) / profile
동의 단계
필수 동의
카카오 로그인 시 사용자가 필수로 동의해야 합니다.
선택 동의
사용자가 동의하지 않아도 카카오 로그인을 완료할 수 있습니다.
이용 중 동의
카카오 로그인 시 동의를 받지 않고, 항목이 필요한 시점에 동의를 받습니다.
사용 안함
사용자에게 동의를 요청하지 않습니다.
카카오 계정으로 정보 수집 후 제공
사용자에게 값이 없는 경우 카카오 계정 정보 입력을 요청하여 수집
동의 목적 [필수]
서비스 이용을 위한 로그인 정보 처리를 위해 사용됩니다.
개발자 앱 동의 항목 관리 화면내에 입력하는 사실이 실제 서비스 내용과 다를 경우 API 서비스의 거부 사유가 될 수 있습니다.
취소
저장

그림 13-18 카카오 개발자 센터(프로필 정보 동의 항목 설정)

설정 버튼을 클릭하면 다음과 같이 '동의 항목 설정' 팝업이 나타납니다.

18 프로필 정보와 카카오계정(이메일)은 애플리케이션에서 필수로 사용해야 하므로, 동의 단계에서 '필수 동의'를 선택합니다.

동의 목적을 입력합니다. 입력한 동의 목적은 나중에 사용자가 카카오 로그인 버튼을 클릭했을 때 나타나는 동의 화면을 통해서 사용자에게 보이게 됩니다.

카카오계정(이메일) 항목의 경우 필수 동의를 하기 위해서는 별도의 검수가 필요합니다. 여기서는 '선택 동의'로 저장하겠습니다.

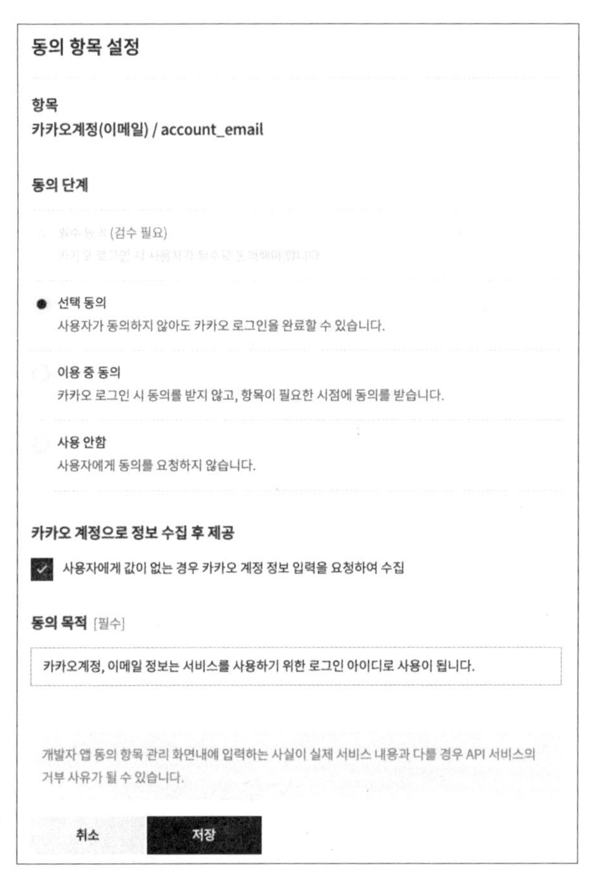
동의 항목 설정
항목
카카오계정(이메일) / account_email
동의 단계
(검수 필요)
선택 동의
사용자가 동의하지 않아도 카카오 로그인을 완료할 수 있습니다.
이용 중 동의
카카오 로그인 시 동의를 받지 않고, 항목이 필요한 시점에 동의를 받습니다.
사용 안함
사용자에게 동의를 요청하지 않습니다.
카카오 계정으로 정보 수집 후 제공
사용자에게 값이 없는 경우 카카오 계정 정보 입력을 요청하여 수집
동의 목적 [필수]
카카오계정, 이메일 정보는 서비스를 사용하기 위한 로그인 아이디로 사용이 됩니다.
개발자 앱 동의 항목 관리 화면내에 입력하는 사실이 실제 서비스 내용과 다를 경우 API 서비스의
거부 사유가 될 수 있습니다.
취소
저장

그림 13-19 카카오 개발자 센터(카카오계정 동의 항목 설정)

설정한 두 개의 항목인 프로필 정보와 카카오계정 항목이 다음과 같이 활성화가 되었습니다. 각 항목의 ID가 카카오 로그인 후 정보를 받을 수 있는 키 값입니다.

카카오 개발자 센터에서 등록해야 할 과정이 모두 끝났습니다.

» 13.1.6 카카오 JavaScript SDK 및 앱 키 등록

카카오 로그인 컴포넌트를 구현하기에 앞서 카카오 로그인을 이용하기 위해서 카카오에서 제공하는 JavaScript SDK를 등록해야 합니다.

public → index.html 을 열고 SDK를 추가합니다.

```
<script src="https://developers.kakao.com/sdk/js/kakao.js"></script>
```

» 파일경로 vue-project/blob/master/public/index.html

```
<!DOCTYPE html>
<html lang="">
  <head>
    <meta charset="utf-8">
    <meta http-equiv="X-UA-Compatible" content="IE=edge">
    <meta name="viewport" content="width=device-width,initial-scale=1.0">
    <link rel="icon" href="<%= BASE_URL %>favicon.ico">
    <script src="https://developers.kakao.com/sdk/js/kakao.js"></script>
    <title><%= htmlWebpackPlugin.options.title %></title>
  </head>
  <body>
    <noscript>
      <strong>We're sorry but <%= htmlWebpackPlugin.options.title %> doesn't
work properly without JavaScript enabled. Please enable it to continue.</strong>
    </noscript>
    <div id="app"></div>
    <!-- built files will be auto injected -->
  </body>
</html>
```

카카오 개발자 센터에서 애플리케이션을 생성하고 발급받은 JavaScript 앱 키를 등록합니다. main.js 파일을 열고 제일 하단에 다음과 같이 앱 키를 추가합니다. 등록된 앱 키가 정상적으로 작동하기 위해서는 Vue 프로젝트를 다시 실행해야 합니다.(npm run serve)

```
window.Kakao.init("6172a93a1b48db422a48d784f5e7c4fd"); //발급받은 앱 키
```

» 13.1.7 로그인 컴포넌트 구현

이제 Login 컴포넌트를 구현하도록 하겠습니다. views 폴더 밑에 Login.vue 파일을 생성하고 router → index.js에 path: '/kakaologin'으로 KakaoLogin.vue를 추가합니다.

» 파일경로 vue-project/blob/master/src/views/KakaoLogin.vue

```
<template>
 <div >
   <a id="custom-login-btn" @click="kakaoLogin()">
     <img
       src="//k.kakaocdn.net/14/dn/btqCn0WEmI3/nijroPfbpCa4at5EIsjyf0/o.jpg"
       width="222"
     />
   </a>
   </div>
</template>

methods: {
   kakaoLogin() {
       window.Kakao.Auth.login({
           scope : 'profile, account_email',
           success: this.getKakaoAccount,
       });
   },
   getKakaoAccount(){
       window.Kakao.API.request({
           url:'/v2/user/me',
           success : res => {
               const kakao_account = res.kakao_account;
               const nickname = kakao_account.profile.nickname; //카카오 닉네임
               const email = kakao_account.email //카카오 이메일
               console.log('nickname', nickname);
               console.log('email', email);

               //로그인 처리 구현
               alert("로그인 성공!");
           },
           fail : error => {
               console.log(error);
           }
       })
   }
 }
```

사용자가 다음과 같이 카카오 계정으로 로그인 버튼을 클릭하면 Vue 컴포넌트에 구현한 메소드인 kakaoLogin() 메소드가 실행됩니다.

window.Kakao.Auth.login() 함수를 호출함으로써, 카카오계정으로 로그인 팝업을 호출할 수 있습니다.

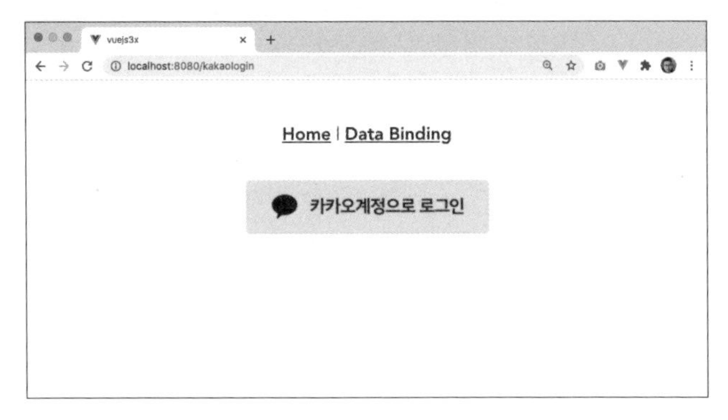

그림 13-20 카카오 계정으로 로그인 버튼

이때 주의해야 할 것은 파라미터로 전달되는 scope에 정의된 'profile, account_email' 키입니다. 이 키는 카카오 개발자 센터에서 동의 항목으로 활성화한 각 항목의 ID입니다. 여기서 전달되는 scope가 동의 항목에서 활성화한 항목 ID와 다를 경우 실행되지 않습니다.

카카오 개발자 센터에서 등록한 동의 항목을 포함한 카카오 계정으로 로그인 팝업 화면이 나타납니다.

19 '동의하고 계속하기' 버튼을 클릭하면 등록된 Redirect URI인 http://localhost:8080/login을 호출합니다.

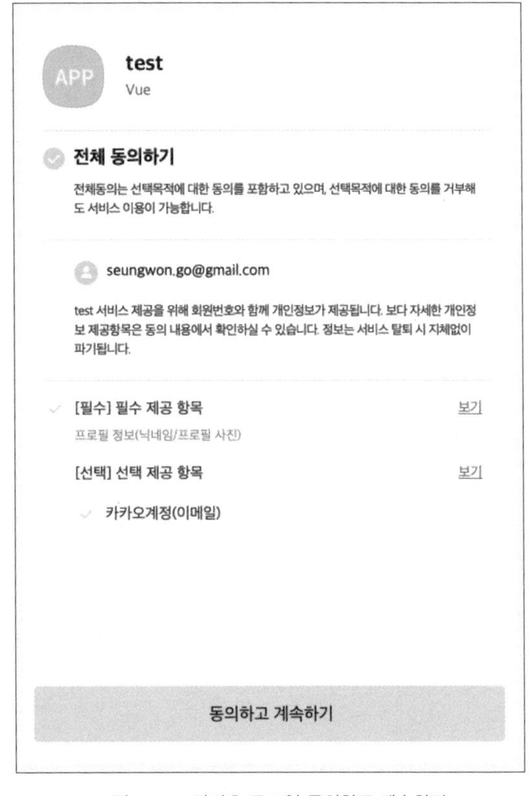

그림 13-21 카카오 로그인 동의하고 계속하기

이때 우리가 구현한 메소드인 getKakaoAccount 메소드가 실행되고, 카카오로부터 동의 항목에 해당하는 정보를 받아오게 됩니다.

카카오로부터 받아온 사용자 정보를 콘솔에 출력하면 다음과 같은 정보를 확인할 수 있습니다.

```
                                                                    Login.vue?a55b:46
▼{profile_needs_agreement: false, profile: {…}, has_email: true, email_needs_agreement: false, is_emai
 l_valid: true, …}
   email: "seungwon.go@gmail.com"
   email_needs_agreement: false
   has_email: true
   is_email_valid: true
   is_email_verified: true
 ▶profile: {nickname: "고승원", thumbnail_image_url: "http://k.kakaocdn.net/dn/cvyGhx/btqt8mtX8Ef/UWnZ…
   profile_needs_agreement: false
 ▶__proto__: Object
```

그림 13-22 카카오 로그인을 통해 전달받은 데이터 콘솔 화면

우리는 이 정보를 이용해서 로그인을 구현하면 됩니다. 일반적으로 사용자의 이메일 정보를 사용자 ID로 등록해서 사용합니다.

즉 사용자가 카카오 로그인을 진행하면 사용자의 이메일 정보가 우리 애플리케이션 서버 데이터베이스의 사용자 테이블에 등록되어 있는지 확인하고, 등록이 안 되어 있다면 데이터베이스에 등록은 로그인 시키면 됩니다. 사용자 이메일이 이미 등록되어 있다면 데이터베이스에 등록 절차 없이 로그인 시키면 됩니다.

로그아웃은 window.Kakao.Auth.logout() 함수를 실행하면 됩니다.

```
kakaoLogout(){
     window.Kakao.Auth.logout((response) => {
       //로그아웃
       console.log(response);
     });
   }
```

13.2 네이버 아이디로 로그인하기

카카오 계정을 이용한 로그인 서비스와 더불어 국내에서 가장 많이 사용하는 것이 네이버 인증을 이용한 로그인입니다. 네이버 아이디로 로그인은 OAuth 2.0 기반의 사용자 인증 기능을 제공해 네이버가 아닌 다른 서비스에서 네이버의 사용자 인증 기능을 이용할 수 있게 해주는 서비스입니다. 사용자 입장에서는 회원가입 절차와 같은 귀찮은 작업을 수행할 필요가 없으며, 별도의 아이디나 비밀번호를 기억할 필요 없이 서비스를 안전하게 이용할 수 있습니다.

네이버 아이디로 로그인을 통해 로그인하는 기본 절차는 다음과 같습니다.

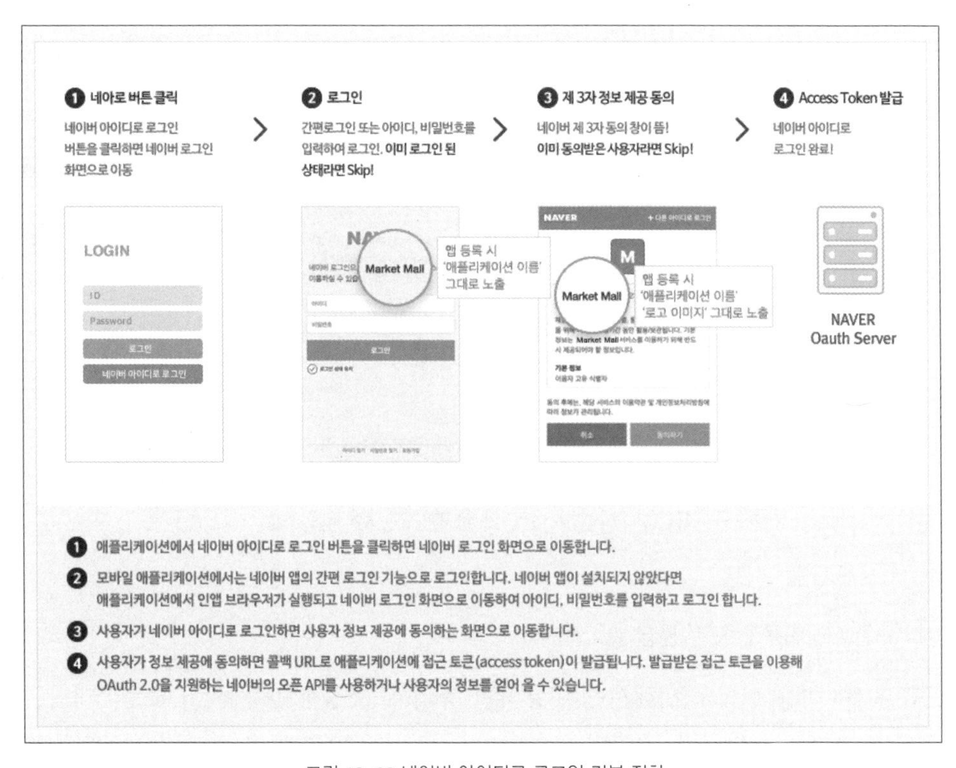

그림 13-23 네이버 아이디로 로그인 기본 절차

네이버 아이디로 로그인한 사용자의 이름, 메일 주소, 전화번호 같은 프로필 정보를 사용자의 동의하에 API로 제공받을 수 있습니다.

» 13.2.1 오픈 API 이용 신청

01 네이버 개발자 센터의 '네이버 아이디로 로그인 API'에 접속합니다.

https://developers.naver.com/products/login/api/

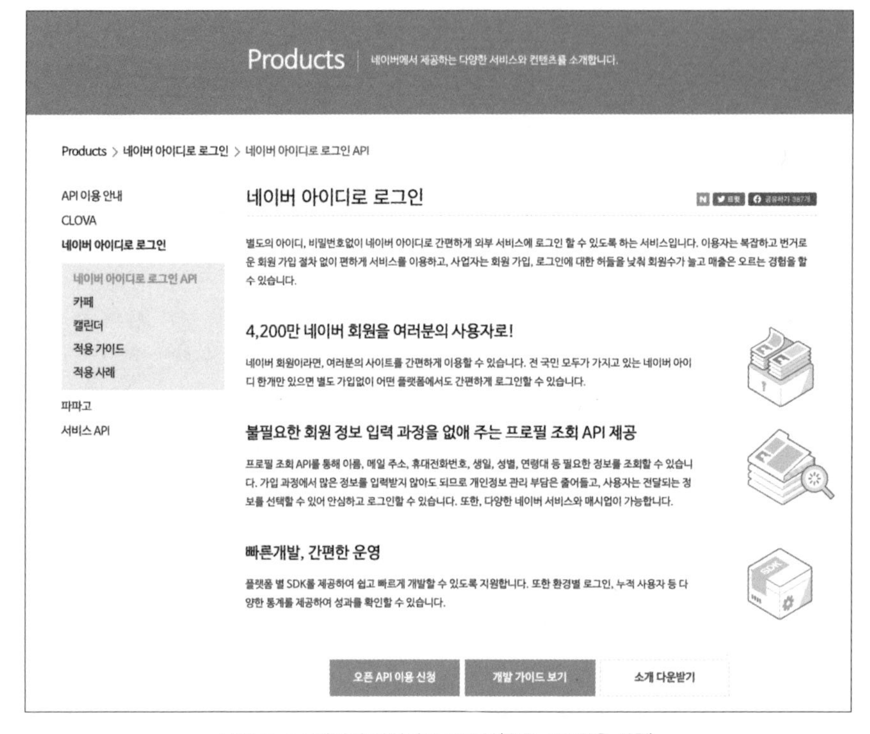

그림 13-24 네이버 아이디로 로그인(오픈 API 이용 신청)

02 '오픈 API 이용 신청' 버튼을 클릭합니다.

오픈 API 이용 신청을 위해서는 이용약관 동의 → 계정정보 등록 → 애플리케이션 등록 절차가 필요합니다. 네이버 로그인이 안 되어 있다면 로그인 화면으로 이동하게 됩니다. 네이버 계정으로 로그인 합니다.

» 13.2.2 약관동의

03 API 이용약관 확인 후 '이용약관에 동의합니다' 체크 후 '확인' 버튼을 클릭합니다.

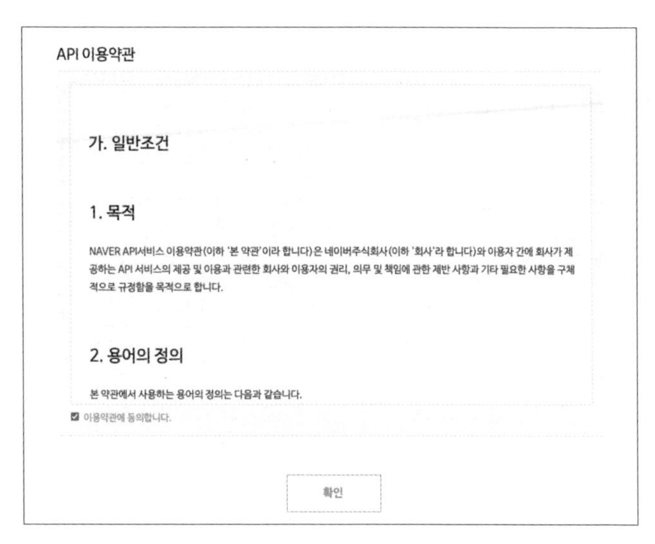

그림 13-25 네이버 아이디로 로그인(약관동의)

» 13.2.3 계정 정보 등록

04 계정 설정을 위해서 휴대폰 인증 진행 후 '확인' 버튼을 클릭합니다.

그림 13-26 네이버 아이디로 로그인(계정 정보 등록)

» 13.2.4 애플리케이션 등록

애플리케이션 등록 단계에서는 애플리케이션 이름, 사용 API 선택 및 제공 정보 선택(이메일, 별명), 로그인 오픈 API 서비스 환경을 설정해야 합니다.

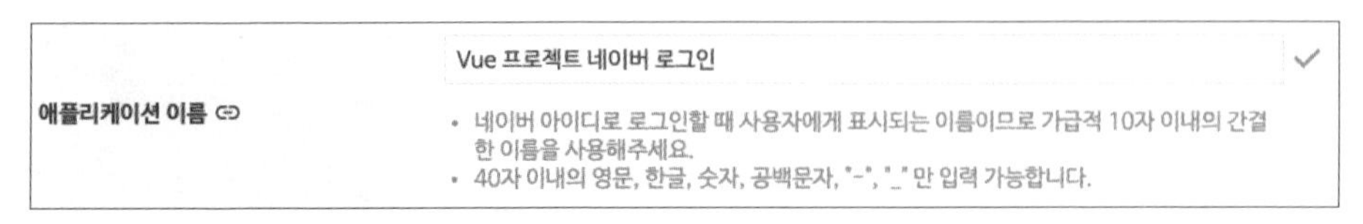

그림 13-27 네이버 아이디로 로그인(애플리케이션 이름 등록)

• 애플리케이션 이름: 자유롭게 작성하세요. 책에서는 'Vue 프로젝트 네이버 로그인'으로 진행했습니다.

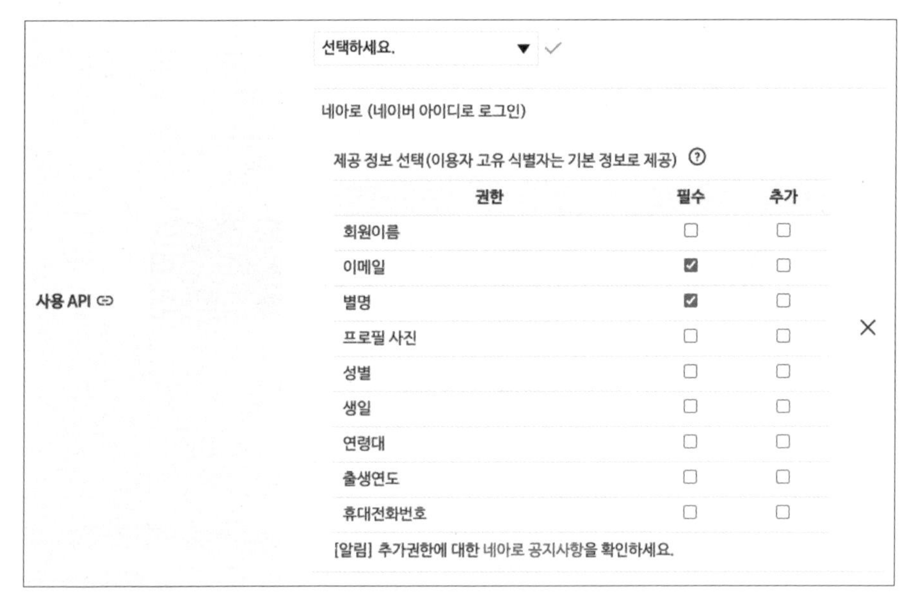

그림 13-28 네이버 아이디로 로그인(사용 API 설정)

• 사용 API: 네이버 아이디로 로그인 선택 후 제공 정보 선택에서는 이메일, 별명 등 필요한 정보를 선택합니다.

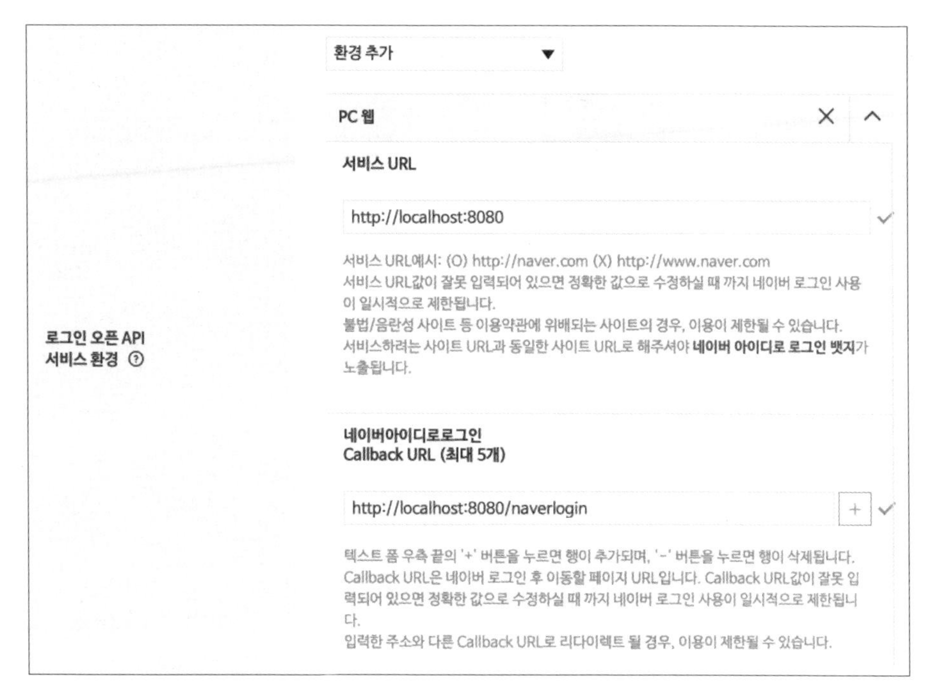

그림 13-29 네이버 아이디로 로그인(로그인 오픈 API 서비스 환경)

- 로그인 오픈 API 서비스 환경: PC 웹을 선택한 후 서비스 URL과 네이버 아이디로 로그인 Callback URL을 입력합니다.
- 서비스 URL: http://localhost:8080
- 네이버아이디로로그인 Callback URL: http://localhost:8080/naverlogin

05 애플리케이션 정보 등록 후 '완료' 버튼을 클릭합니다.

다음과 같이 등록된 애플리케이션 정보를 확인할 수 있습니다.

그림 13-30 네이버 아이디로 로그인(애플리케이션 요약 정보)

06 내 애플리케이션 정보에서 'API 설정' 탭을 클릭합니다.

로그인 오픈 API 서비스 환경을 보면 로고 이미지 업로드를 할 수 있습니다. 로고 이미지 업로드 하단에 보면 '애플리케이션 개발 상태'에 '검수요청 하러 가기'라는 버튼이 있습니다.

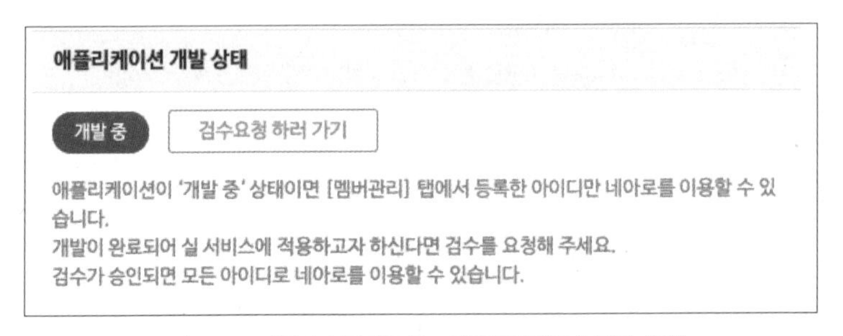

그림 13-31 네이버 아이디로 로그인(애플리케이션 개발 상태)

네이버 로그인에 대한 테스트 코드를 구현할 것이기 때문에 여기서는 검수요청을 하지 않도록 하겠습니다. 대신 네이버 로그인을 사용하기 위해서는 '멤버관리' 탭에서 등록한 아이디만 네이버 로그인을 사용할 수 있습니다.

07 '멤버관리' 탭으로 이동해서 여러분 네이버 아이디를 등록합니다.

Vue 프로젝트 네이버 로그인
개요
API 설정
네아로 검수상태
멤버관리
로그인 통계
API 통계
Playground (Beta)
관리자 ID 등록 (최대 3개)
애플리케이션 관리자를 3명까지 설정함으로써 개발자 부재시 다른 사람이 애플리케이션 설정을 할 수 있습니다.
아울러 애플리케이션을 테스트할 수 있는 테스트 아이디를 최대 20개까지 등록할 수 있도록 함으로써 배포전에 테스트할 수 있습니다.
테스터 ID 등록 (최대 20개)
테스터 ID는 애플리케이션이 '개발 중'상태일 때 해당 애플리케이션에 로그인하여 테스트할 수 있는 ID입니다.
최대 20개까지 등록이 가능하며, 관리자 아이디는 등록하지 않아도 로그인이 가능합니다.

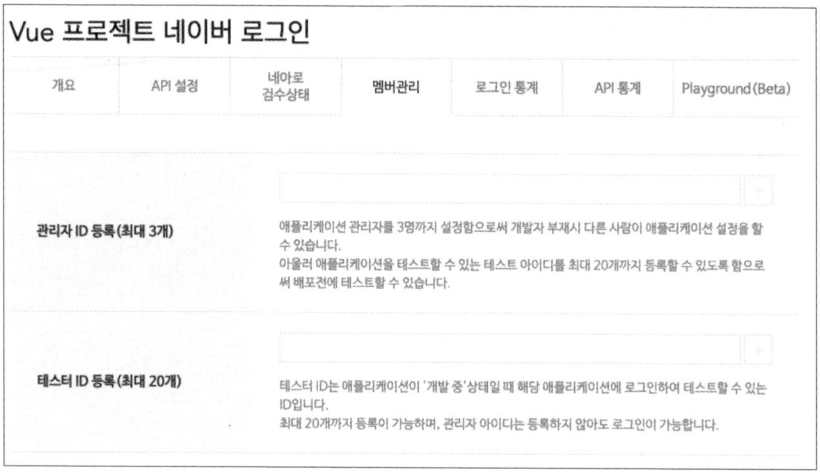

그림 13-32 네이버 아이디로 로그인(멤버관리)

관리자 ID는 최대 3개까지, 테스터 ID는 최대 20개까지 등록할 수 있습니다. 여러분 네이버 아이디를 관리자 ID 및 테스터 ID에 등록합니다.

이제 개발을 위한 준비가 모두 끝났습니다. 그럼 이제 Vue 컴포넌트를 개발해서 네이버 로그인을 사용해 보겠습니다.

» 13.2.5 네이버 JavaScript SDK 등록

08 네이버 로그인 API를 사용하기 위해 public/index.html 파일을 열어서 API를 등록합니다.

```
<script src="https://static.nid.naver.com/js/naveridlogin_js_sdk_2.0.0.js"
charset="utf-8"></script>
```

» 파일경로 vue-project/blob/master/public/index.html

```
<!DOCTYPE html>
<html lang="">
  <head>
```

```
        <meta charset="utf-8">
        <meta http-equiv="X-UA-Compatible" content="IE=edge">
        <meta name="viewport" content="width=device-width,initial-scale=1.0">
        <link rel="icon" href="<%= BASE_URL %>favicon.ico">
        <script src="https://static.nid.naver.com/js/naveridlogin_js_sdk_2.0.0.js"
charset="utf-8"></script>
        <title><%= htmlWebpackPlugin.options.title %></title>
    </head>
    <body>
        <noscript>
            <strong>We're sorry but <%= htmlWebpackPlugin.options.title %> doesn't
work properly without JavaScript enabled. Please enable it to continue.</strong>
        </noscript>
        <div id="app"></div>
        <!-- built files will be auto injected -->
    </body>
</html>
```

» 13.2.6 로그인 컴포넌트 구현

NaverLogin.vue 파일을 views 폴더 밑에 생성하고 다음과 같이 코드를 작성합니다.

» 파일경로 vue-project/blob/master/src/views/NaverLogin.vue

```
<template>
   <div>
      <div id="naverIdLogin"></div>
      <button type="button" @click="logout">로그아웃</button>
   </div>
</template>
<script>
import axios from "axios";
export default {
   data() {
      return {
         naverLogin: null,
      };
   },
   mounted() {
      this.naverLogin = new window.naver.LoginWithNaverId({
         clientId: "********************", //개발자센터에 등록한 ClientID
         callbackUrl: "http://localhost:8080/naverlogin", //개발자센터에 등록한 callback Url
```

```
            isPopup: false, //팝업을 통한 연동처리 여부
            loginButton: {
               color: "green", type: 3, height: 60 }, //로그인 버튼의 타입을 지정
            });

            //설정 정보를 초기화하고 연동을 준비
            this.naverLogin.init();

            this.naverLogin.getLoginStatus((status) => {
               if (status) {
                  console.log(status);
                  console.log(this.naverLogin.user);

                  //필수적으로 받아야 하는 프로필 정보가 있다면 callback 처리 시점에 체크
                  var email = this.naverLogin.user.getEmail();
                  if (email == undefined || email == null) {
                     alert("이메일은 필수 정보입니다. 정보 제공을 동의해주세요.");
                     //사용자 정보 재동의를 위하여 다시 네아로 동의 페이지로 이동함
                     this.naverLogin.reprompt();
                     return;
                  }
               } else {
                  console.log("callback 처리에 실패하였습니다.");
               }
            });
         },
         methods: {
            logout() {
               const accessToken = this.naverLogin.accessToken.accessToken;
               const url='/oauth2.0/token?grant_type=delete&client_id=zFcLWPMTcDQTNTB6iIOy&clie
nt_secret=bUW7FZMpS9&access_token=${accessToken}&service_provider=NAVER';

               axios.get(url).then((res) => {
                  console.log(res.data);
               });

               //https://nid.naver.com/oauth2.0/token?grant_type=delete&client_id=zFcLWPMTcDQTN
TB6iIOy&client_secret=bUW7FZMpS9&access_token=AAAAOOCeX4fAa_NxKPAmJW8C1UeLxGT3nM0wRV33irhyHy
Rua1JJrfrp0jZwfbOD0r502Id9mbhb0YiA9_NvCXGAwws&service_provider=NAVER
            },
         },
      };
</script>
```

router 폴더의 index.js에 NaverLogin.vue에 대한 라우터를 등록합니다.

```
{
  path: '/naverlogin',
  name: 'NaverLogin',
  component: () => import( /* webpackChunkName: "parent" */ '../views/NaverLogin.vue')
}
```

09 라우터 등록까지 끝났다면 터미널에서 명령어 `npm run serve`를 실행하여 Vue 프로젝트를 재시작합니다.

10 브라우저에서 http://localhost:8080/naverlogin으로 접속합니다.

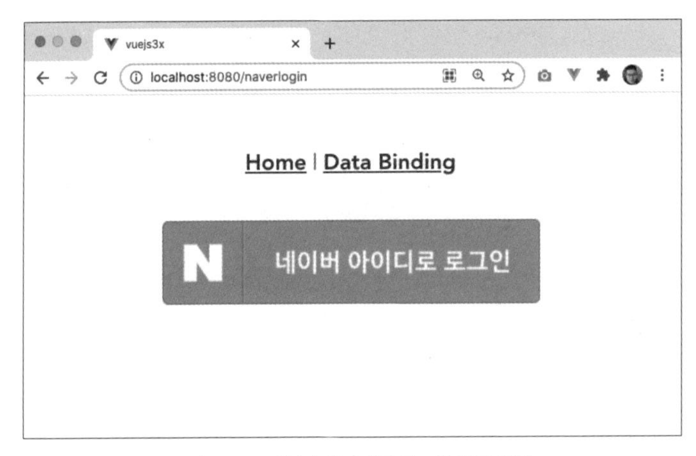

그림 13-33 네이버 아이디로 로그인 적용 화면

다음과 같이 네이버 아이디로 로그인 버튼이 화면에 나타난 것을 확인할 수 있습니다. 다시 코드를 살펴보면 template에 다음과 같이 naverIdLogin 이라는 id를 갖는 div 태그를 볼 수 있습니다.

```
<div id="naverIdLogin"></div>
```

⇒ Vue 컴포넌트 실행 시 mounted 훅에서 다음 코드를 통해서 네이버 아이디 로그인 기능이 활성화 되고, loginButton 속성을 통해 정의한 로그인 버튼 타입에 따라 화면에 로그인 버튼이 나타나는 것입니다.

```
this.naverLogin = new window.naver.LoginWithNaverId(
    {
      clientId: "********************", //개발자센터에 등록한 ClientID
      callbackUrl: "http://localhost:8080/naverlogin", //개발자센터에 등록한 callback Url
      isPopup: false, //팝업을 통한 연동 처리 여부
      loginButton: {color: "green", type: 3, height: 60} //로그인 버튼의 타입을 지정
    }
  );

  //설정 정보를 초기화하고 연동을 준비
  this.naverLogin.init();
```

사용자가 네이버 아이디로 로그인 버튼을 클릭하면 다음과 같이 화면이 전환됩니다. 만약 화면 전환이 아니라 팝업으로 네이버 아이디 로그인을 진행하고 싶다면 isPopup 속성을 true로 설정하면 됩니다.

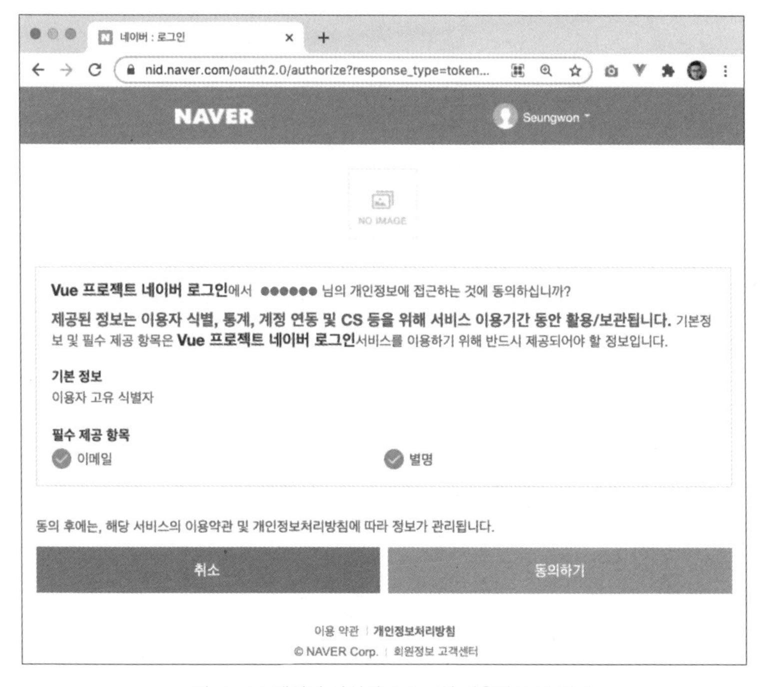

그림 13-34 네이버 아이디로 로그인 사용자 동의 화면

네이버 개발자 센터에서 애플리케이션을 등록할 때 선택한 정보인 이메일과 별명이 필수 제공 항목으로 선택되어서 보이게 됩니다.

사용자가 '동의하기' 버튼을 클릭하면 네이버 개발자 센터에서 애플리케이션 생성 시 등록한 Callback URL로 리다이렉트 되고, 다음 코드를 통해 사용자 정보를 받아오게 됩니다.

```
this.naverLogin.getLoginStatus((status) => {
   if (status) {
      console.log(status)
      console.log(this.naverLogin.user)

      //필수적으로 받아야 하는 프로필 정보가 있다면 callback처리 시점에 체크
      var email = this.naverLogin.user.getEmail();
      if( email == undefined || email == null) {
      alert("이메일은 필수 정보입니다. 정보 제공을 동의해주세요.");
      //사용자 정보 재동의를 위하여 다시 네아로 동의 페이지로 이동함
      this.naverLogin.reprompt();
      return;
      }
   } else {
      console.log("callback 처리에 실패하였습니다.");
   }
});
```

콘솔에 naverLogin.user 정보를 출력하면 다음과 같은 정보가 네이버로부터 전달되는 것을 확인할 수 있습니다. 네이버 개발자 센터에서 등록한 이메일(email)과 별명(nickname)은 정보가 채워져 있고, 신청하지 않은 age, birthday, gender, name, profile_images는 전달되지 않는 것을 확인할 수 있습니다.

```
                                NaverLogin.vue?aa84:33
 t {age: undefined, birthday: undefined, email:
▼"swko0513@naver.com", gender: undefined, id: "25
 921014", …}
   age: undefined
   birthday: undefined
   email: "●●●●●●●@naver.com"
   gender: undefined
   id: "25921014"
   name: undefined
   nickname: "Seungwon"
   profile_image: undefined
 ▶ __proto__: Object
```

그림 13-35 네이버 아이디로 로그인을 통해 받아온 정보를 콘솔에 출력

우리는 이 정보를 이용해서 로그인을 구현하면 됩니다. 일반적으로 사용자의 이메일 정보를 사용자 ID로 등록해서 사용합니다.

즉, 사용자가 네이버 로그인을 진행하면 사용자의 이메일 정보가 우리 애플리케이션 서버 데이터베이스의 사용자 테이블에 등록되어 있는지 확인하고, 등록이 안 되어 있다면 데이터베이스에 등록한 다음 로그인 시키면 됩니다. 사용자 이메일이 이미 등록되어 있다면 데이터베이스에 등록 절차 없이 로그인 시키면 됩니다.

네이버에서는 별도의 로그아웃 함수를 제공하지 않습니다. 로그아웃에 대한 별도의 api가 없으며 사용자가 직접 네이버 서비스에서 로그아웃 하도록 처리해야 합니다. 그 이유는 이용자 보호를 위해 정책상 네이버 이외의 서비스에서 네이버 로그아웃을 수행하는 것을 허용하지 않고 있기 때문입니다. 그래서 로그아웃을 하려면 로그인 시 발급받은 토큰을 삭제해야 합니다.

토큰 삭제는 다음 API를 호출하여 삭제할 수 있습니다.

```
https://nid.naver.com/oauth2.0/token?grant_type=delete&client_id={발급받은 Client ID}&client_secret={발급받은 Client Secret}&access_token={로그인 시 발급받은 토큰}&service_provider=NAVER
```

토큰을 삭제하는 logout 메소드를 다음과 같이 작성하였습니다.

```
logout() {
      const accessToken = this.naverLogin.accessToken.accessToken;
      const url = `/oauth2.0/token?grant_type=delete&client_id=zFcLWPMTcDQTNTB6iIO
y&client_secret=bUW7FZMpS9&access_token=${accessToken}&service_provider=NAVER`;

      axios.get(url).then((res) => {
        console.log(res.data);
      });
    }
```

여기서 토큰 삭제 API를 axios를 이용해서 호출하면 CORS 위배로 에러가 발생합니다. 그래서 vue.config.js에 proxy를 등록해서 사용해야 합니다.

```
module.exports = {
  chainWebpack: config => {
    config.plugins.delete('prefetch'); //prefetch 삭제
  },
  devServer: {
    proxy: {
      '/oauth2.0': {
        target: 'https://nid.naver.com'
      }
    }
  }
}
```

13.3 구글 계정으로 로그인하기

전 세계에서 가장 많이 사용되는 로그인 서비스는 누가 뭐래도 구글 계정으로 로그인 서비스일 것입니다.

구글 계정으로 로그인은 OAuth 2.0 기반의 사용자 인증 기능을 제공해 구글이 아닌 다른 서비스에서 구글의 사용자 인증 기능을 이용할 수 있게 해주는 서비스입니다. 사용자 입장에서는 회원가입 절차와 같은 귀찮은 작업을 수행할 필요가 없으며, 별도의 아이디나 비밀번호를 기억할 필요 없이 서비스를 안전하게 이용할 수 있습니다.

구글 로그인을 적용하는 방법은 다음과 같은 단계로 진행됩니다.

- 새 프로젝트 생성
- 사용자 인증 정보 생성
- 구글 플랫폼 라이브러리 로드하기
- 클라이언트 ID 설정
- 구글 로그인 버튼 추가하기
- 사용자 프로필 정보 가져오기
- 로그아웃

» 13.3.1 프로젝트 생성

01 프로젝트 생성을 위해 구글 클라우드 플랫폼의 프로젝트 생성 페이지로 이동합니다.

```
https://console.cloud.google.com/projectcreate
```

02 프로젝트 이름을 입력하고 '만들기' 버튼을 클릭합니다.

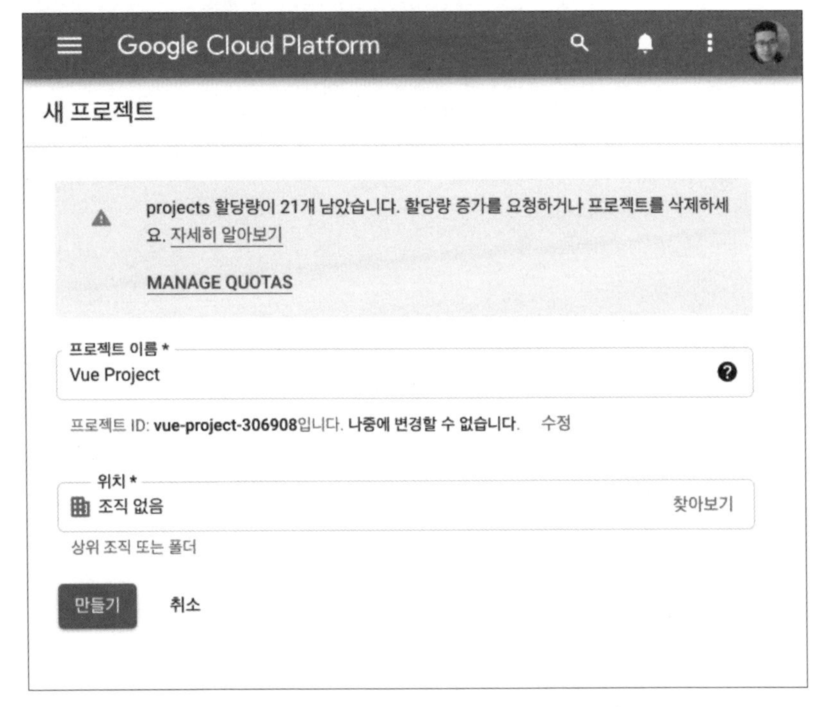

그림 13-36 구글 클라우드 플랫폼(새 프로젝트 생성)

프로젝트가 생성되면서 구글 클라우드 플랫폼 대시보드로 이동됩니다.

03 좌측 상단의 메뉴 버튼을 클릭하고, API 및 서비스 → 사용자 인증 정보 메뉴를 클릭합니다.

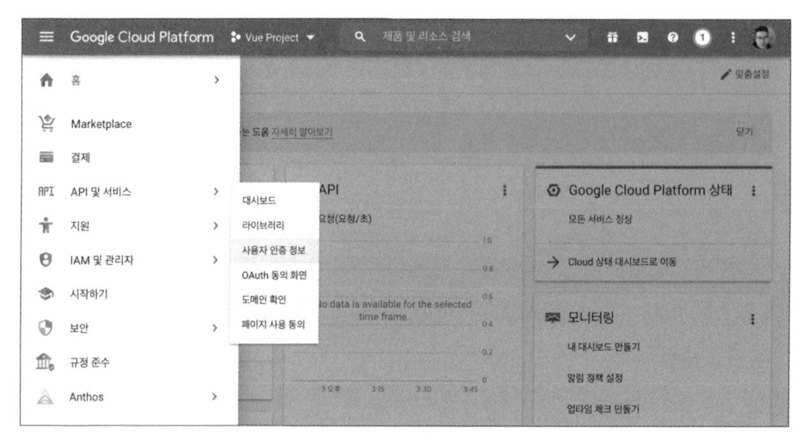

그림 13-37 구글 클라우드 플랫폼(사용자 인증 정보 메뉴)

» 13.3.2 사용자 인증 정보 생성

04 '+ 사용자 인증 정보 만들기' 버튼을 클릭하고 OAuth 클라이언트 ID를 선택합니다.

그림 13-38 구글 클라우드 플랫폼(사용자 인증 정보 만들기)

OAuth 클라이언트 ID를 만들려면 동의 화면에서 제품 이름을 설정해야 합니다.

05 '동의 화면 구성' 버튼을 클릭합니다.

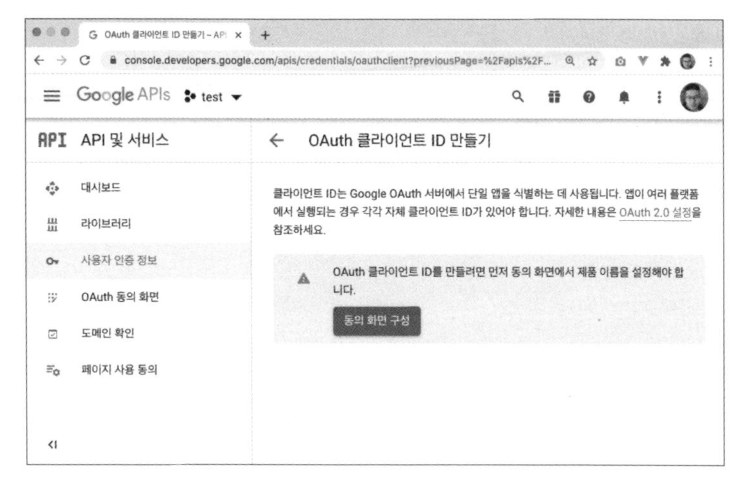

그림 13-39 구글 클라우드 플랫폼(동의 화면 구성 버튼)

06 User Type에서 '외부'를 선택하고 '만들기' 버튼을 클릭합니다.

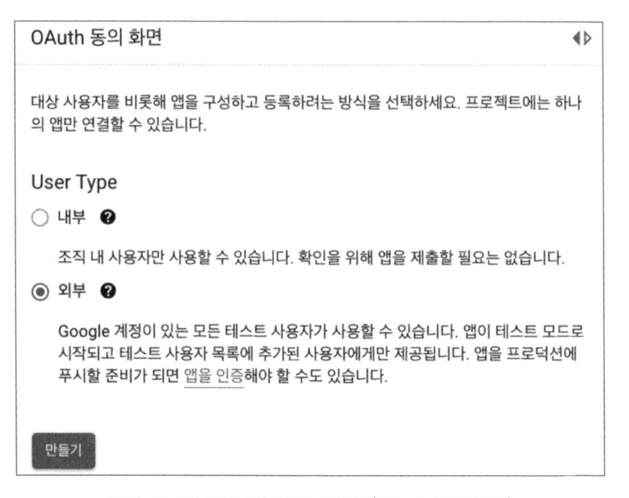

그림 13-40 구글 클라우드 플랫폼(OAuth 동의 화면)

07 앱 이름을 입력하고, 사용자 지원 이메일에 구글 이메일 계정을 등록합니다.

그림 13-41 구글 클라우드 플랫폼(앱 정보 등록)

앱 로고가 있다면 앱 로고 이미지를 업로드합니다.

08 앱 도메인에서 '애플리케이션 홈페이지'에 'http://localhost:8080/googlelogin'을 입력합니다.

그림 13-42 구글 클라우드 플랫폼(앱 도메인)

이제 GoogleLogin.vue 파일을 만들고, 라우터에 'googlelogin'이라는 패스를 등록할 것입니다.

09 개발자 연락처 정보에서 이메일 주소를 입력한 후 '저장 후 계속' 버튼을 클릭합니다.

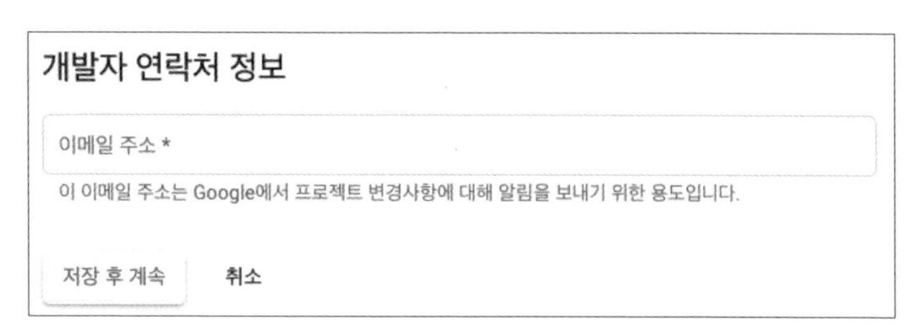

그림 13-43 구글 클라우드 플랫폼(개발자 연락처 정보)

다음 단계로 '범위'를 지정하는 화면이 나오는데, 제일 하단의 '저장 후 계속' 버튼을 클릭해서 이 단계를 지나갑니다.

10 테스트 사용자를 등록하기 위해서 'ADD USERS' 버튼을 클릭합니다.

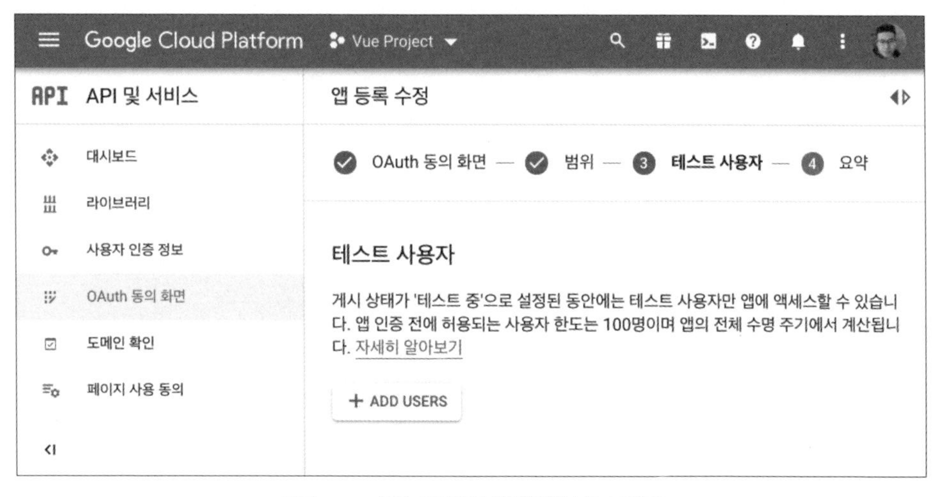

그림 13-44 구글 클라우드 플랫폼(테스트 사용자)

11 사용자 추가 입력란에 테스트할 구글 이메일 계정을 입력하고 '추가' 버튼을 클릭합니다.

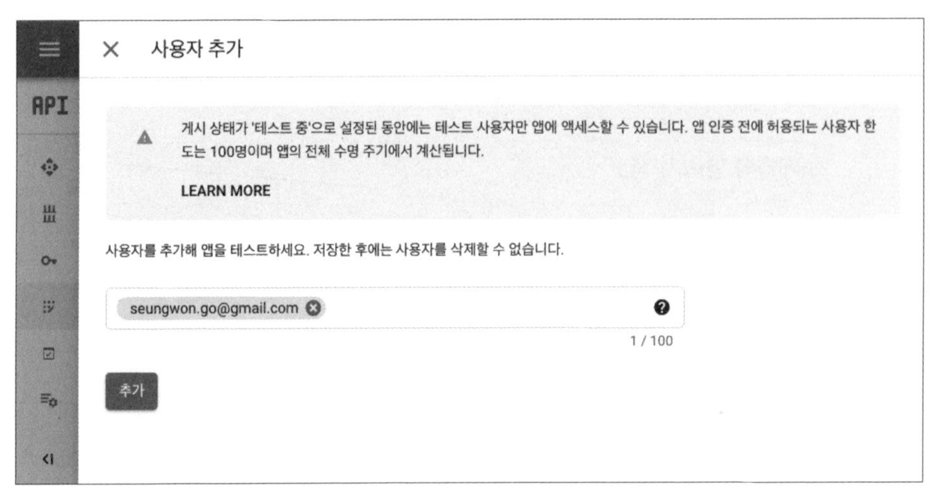

그림 13-45 구글 클라우드 플랫폼(테스트 사용자 추가)

테스트에 사용할 수 있는 사용자가 추가되었습니다.

12 제일 하단의 '저장 후 계속' 버튼을 클릭하여 다음 단계로 이동합니다.

그림 13-46 구글 클라우드 플랫폼(OAuth 동의 화면 요약 정보)

앞에서 설정한 요약 정보를 확인할 수 있습니다.

13 좌측 메뉴의 '사용자 인증 정보' 메뉴로 이동해서 '+ 사용자 인증 정보 만들기' 버튼을 클릭하고, OAuth 클라이언트 ID를 선택합니다.

그림 13-47 구글 클라우드 플랫폼(사용자 인증 정보)

14 다음 정보를 모두 입력하고 '만들기' 버튼을 클릭합니다.

- 애플리케이션 유형 - '웹 애플리케이션'을 선택
- OAuth 클라이언트 이름 - (자유롭게 등록)
- 승인된 자바스크립 원본 URI - http://localhost:8080
- 승인된 리디렉션 URI - http://localhost:8080/googlelogin

OAuth 클라이언트가 생성됩니다.

15 클라이언트 ID와 클라이언트 보안 비밀번호를 확인합니다.

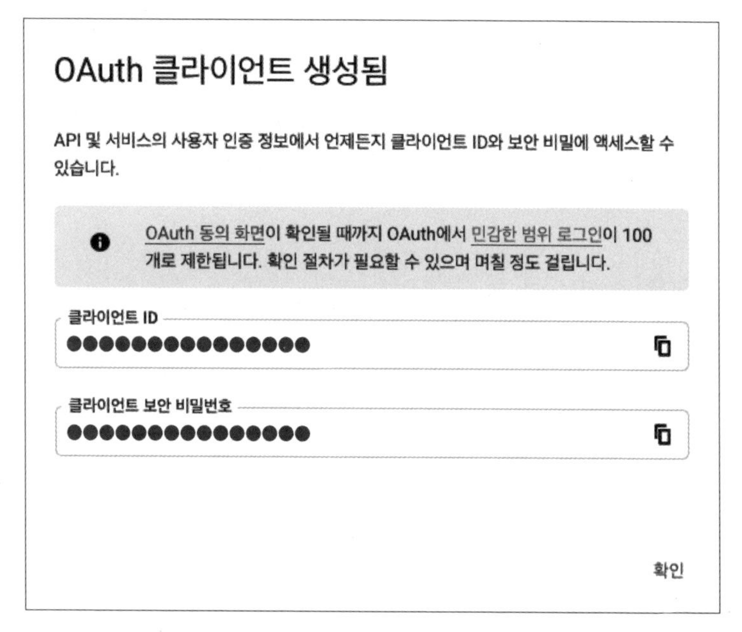

그림 13-48 구글 클라우드 플랫폼(OAuth 클라이언트 생성)

» 13.3.3 구글 플랫폼 라이브러리 로드하기

public 폴더의 index.html을 열어서 구글 플랫폼 라이브러리를 추가합니다.

```
<script src="https://apis.google.com/js/platform.js"></script>
```

» 파일경로 vue-project/blob/master/public/index.html

```
<!DOCTYPE html>
<html lang="">
  <head>
    <meta charset="utf-8">
    <meta http-equiv="X-UA-Compatible" content="IE=edge">
    <meta name="viewport" content="width=device-width,initial-scale=1.0">
    <link rel="icon" href="<%= BASE_URL %>favicon.ico">
    <script src="https://apis.google.com/js/platform.js"></script>
    <title><%= htmlWebpackPlugin.options.title %></title>
  </head>
  <body>
  <noscript>
    <strong>We're sorry but <%= htmlWebpackPlugin.options.title %> doesn't work properly
          without JavaScript enabled. Please enable it to continue.</strong>
    </noscript>
    <div id="app"></div>
    <!-- built files will be auto injected -->
  </body>
</html>
```

» 13.3.4 클라이언트 ID 설정

public 폴더의 index.html을 열어서 header의 메타 정보로 클라이언트 ID를 추가합니다.

```
<meta name="google-signin-scope" content="profile email">
<meta name="google-signin-client_id" content="YOUR_CLIENT_ID.apps.googleusercontent.com">
```

» 13.3.5 구글 로그인 버튼 추가하기

Views 폴더에 GoogleLogin.vue 파일을 생성한 후 다음 코드를 추가합니다.

» 파일경로 vue-project/blob/master/src/views/GoogleLogin.vue

```
<template>
    <div>
        <div id="google-signin-btn"></div>
    </div>
</template>
<script>
    export default {
        mounted() {
            window.gapi.signin2.render("google-signin-btn", {onsuccess: this.onSignIn});
        },
        methods: {
            onSignIn (googleUser) {
                const profile = googleUser.getBasicProfile();
                console.log("ID: " + profile.getId());
                console.log('Full Name: ' + profile.getName());
                console.log('Given Name: ' + profile.getGivenName());
                console.log('Family Name: ' + profile.getFamilyName());
                console.log("Image URL: " + profile.getImageUrl());
                console.log("Email: " + profile.getEmail());

                const id_token = googleUser.getAuthResponse().id_token;
                console.log("ID Token: " + id_token);
            }
        }
    }
</script>
```

Routes 폴더의 index.js 파일을 열어서 GoogleLogin.vue 파일에 대한 라우터를 추가합니다.

```
{
    path: '/googlelogin',
    name: 'GoogleLogin',
    component: () => import( /* webpackChunkName: "parent" */ '../views/GoogleLogin.vue')
}
```

» 13.3.6 사용자 프로필 정보 가져오기

GoogleLogin.vue 컴포넌트가 마운트 되면 다음과 같이 구글 로그인 버튼이 화면에 나타나게 됩니다.

그림 13-49 구글 로그인 버튼

로그인 버튼을 클릭하면 다음과 같이 여러분이 가지고 있는 구글계정 목록이 보이고 계정을 선택한 후 비밀번호를 입력하면 구글 로그인이 완료되게 됩니다. 이때 선택하는 구글 계정은 구글 개발자 센터에서 테스트용으로 등록한 계정을 선택해야 합니다.

구글 로그인이 완료되면 onSignIn 메소드가 호출되고, getBasicProfile() 함수를 통해 로그인 한 사용자 정보를 받아올 수 있습니다. 다음은 구글 로그인을 통해 받아온 사용자 정보를 콘솔창에 출력한 것입니다.

```
ID: 113691540342834583759                        GoogleLogin.vue?5fb4:14
Full Name: Seungwon Go                           GoogleLogin.vue?5fb4:15
Given Name: Seungwon                             GoogleLogin.vue?5fb4:16
Family Name: Go                                  GoogleLogin.vue?5fb4:17
Image URL: https://lh3.googleuserconten          GoogleLogin.vue?5fb4:18
t.com/a-/AOh14Gha3oDLGth7EBlvA9MNfT-7xJwR5xUDR9lQiXWn=s96-c
Email: seungwon.go@gmail.com                     GoogleLogin.vue?5fb4:19
ID Token:                                        GoogleLogin.vue?5fb4:22
eyJhbGciOiJSUzI1NiIsImtpZCI6ImU4NzMyZGIwNjI4NzUxNTU1NjIxM2I4MGFj
YmNmZDA4Y2ZiMzAyYTkiLCJ0eXAiOiJKV1QifQ.eyJpc3MiOiJhY2NvdW50cy5nb
29nbGUuY29tIiwiYXpwIjoiMTQwNzc1MDQ2NzE3LXM3bDBhajZiNGJoOXNrYjduO
HNhbjdobHN2bmEycjQzLmFwcHMuZ29vZ2xldXNlcmNvbnRlbnQuY29tIiwiYXVkI
joiMTQwNzc1MDQ2NzE3LXM3bDBhajZiNGJoOXNrYjduOHNhbjdobHN2bmEycjQzL
mFwcHMuZ29vZ2xldXNlcmNvbnRlbnQuY29tIiwic3ViIjoiMTEzNjkxNTQwMzQyO
DM0NTgzNzU5IiwiZW1haWwiOiJzZXVuZ3dvbi5nb0BnbWFpbC5jb20iLCJlbWFpb
F92ZXJpZmllZCI6dHJ1ZSwiYXRfaGFzaCI6Inh6N1hKRzQ4OWw4NDJCN2NEVnE4U
GciLCJuYW1lIjoiU2V1bmd3b24gR28iLCJwaWN0dXJlIjoiaHR0cHM6Ly9saDMuZ
29vZ2xldXNlcmNvbnRlbnQuY29tL2EtL0FPaDE0R2hhM29ETEd0aDdFQmx2QTlNT
mZULTd4SndSNXhVRFI5bFFpWFduPXM5Ni1jIiwiZ2l2ZW5fbmFtZSI6IlNldW5nd
29uIiwiZmFtaWx5X25hbWUiOiJHbyIsImxvY2FsZSI6ImtvIiwiaWF0IjoxNjE1M
TYzMzkxLCJleHAiOjE2MTUxNjY5OTEsImp0aSI6IjVmOTU0YzBmOTQzNmEwNjJiY
jU1MjAxOTlmNzJkMzU2ZDQyODI4NTAifQ.KbUPt5_4hdH5MYkJrg2trQ2Yz-
cxwpeEcNPiV9mYQWt5WyLmTqp1ZgGu4-9aB4mFgjmJT-
seOfCQhpS4hCFfOyjOKWVWxuHnoOrFaoNvSSrU46Lz-
smFUA3vZYJXo49Aii4qGICpALApXgEAMSMeuytMCnkTLCEqUI-
nXe6BL3aMGqE8YD4f0aq7oxG4PUuPmaF2-FcG-F-
bm9pcmYXtmUIjyrVnzXWZFJiZapjEEnnah92KRjKyopswJ9eJyKpYrbEy8CmBKue
```

그림 13-50 구글 계정으로 로그인을 통해 받아온 데이터 콘솔에 출력

사용자의 Email 정보 혹은 ID Token을 이용해서 여러분의 애플리케이션에 대한 로그인 처리를 진행하면 됩니다.

» 13.3.7 로그아웃

구글 로그아웃은 다음과 같이 처리하면 됩니다.

```
signOut() {
    window.gapi.auth2.getAuthInstance().disconnect();
}
```

Vue.js 프로젝트 투입 일주일 전

CHAPTER 14

미니프로젝트: 제품 판매 웹앱 구현

chapter 14

미니프로젝트: 제품 판매 웹앱 구현

이 프로젝트는 유튜브 <개발자의품격> 채널을 통해 제공된 '제품 판매 웹앱 구현' 동영상 강의에 대한 내용을 다룹니다. 전체 내용 중 Vue로 구현된 부분을 중점으로 다루며, 서버 프로그램인 Node.js와 데이터베이스인 MariaDB에 대해서는 다루지 않습니다. 해당 부분이 궁금한 독자분들은 유튜브 <개발자의품격> 채널을 통해 해당 기술에 대해 배울 수 있으며, 유튜브 영상은 다음과 같은 목차로 구성되어 있습니다. 책에서는 11~16번 과정을 다룹니다.

01 무엇을 만들 것인가? (https://youtu.be/J2lLkpc79n0)
02 부트스트랩 기본 익히기 (https://youtu.be/LjDouK_dl3o)
03 제품 리스트 페이지 구현 (https://youtu.be/9nDLGbtcn-A)
04 제품 상세 페이지 구현 (https://youtu.be/QcNiaDrp2kQ)
05 제품 등록 페이지 구현 (https://youtu.be/nCuHP7zgELY)
06 MariaDB 설치하기 (https://youtu.be/kLdHp6zrPJE)
07 DB 테이블 설계하기 (https://youtu.be/rOy7N4MlzJo)
08 SQL 작성하기 (https://youtu.be/YHWy0KQ0ePU)
09 웹 서버 구축 Node.js + Express (https://youtu.be/odBMChuTGqs)
10 DB 연동하기 (https://youtu.be/IqCBE0U-Xmo)
11 클라이언트 구축 Vue CLI (https://youtu.be/8gwO_BAT6dE)
12 제품 리스트 Vue 컴포넌트 구현 (https://youtu.be/JkfVa9sHVwo)
13 제품 상세 Vue 컴포넌트 구현 (https://youtu.be/-ykH04t-Dbw)
14 카카오계정으로 로그인 및 Vuex 상태관리 구현 (https://youtu.be/S0WYao-e3Ok)
15 판매 제품 관리 Vue 컴포넌트 구현 (https://youtu.be/A6138mUpzb0)
16 제품 등록 Vue 컴포넌트 구현 (https://youtu.be/il5uv7y9jUE)

프로젝트에서 다루는 모든 코드는 깃허브(https://github.com/seungwongo/mini-project-shop.git)에서 다운받을 수 있습니다.

14.1 애플리케이션 Overview

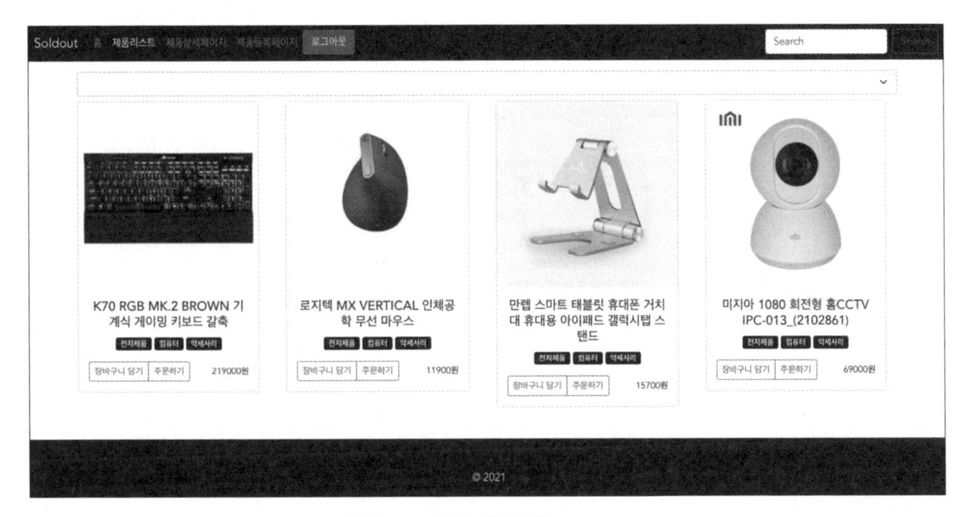

그림 14-1 제품 판매 웹앱 Overview

제품 판매 웹앱은 제품 판매자가 판매할 제품을 등록할 수 있는 제품 등록 페이지, 등록된 제품 리스트를 볼 수 있는 제품 리스트 페이지, 제품 상세 내용을 확인할 수 있는 제품 상세 페이지로 이루어진 웹 애플리케이션입니다. 우리가 일반적으로 쇼핑몰이라고 부르는 웹 사이트를 구현하는 것이며, 전체 기능을 다루지 않고, 제품 판매 웹앱의 가장 기본 기능만 다루게 됩니다.

이 미니프로젝트를 통해 여러분은 Vue를 이용한 웹 애플리케이션 개발에 대한 경험을 갖게 될 것입니다. 제품 판매 웹앱 같은 애플리케이션뿐만 아니라 대다수의 애플리케이션 개발에서 가장 기본이 되는 기능은 데이터를 등록하는 것입니다. 여러분은 제품을 등록하는 과정을 통해서 텍스트 데이터뿐만 아니라 이미지 파일에 대한 등록을 어떻게 하는지 배우게 됩니다.

또한 제품 리스트 페이지, 제품 상세 페이지 구현을 통해 등록된 데이터에 대한 리스트 구성 및 상세 화면 구성을 배우게 됩니다.

이 책에서 미니 프로젝트로 제품 판매 웹앱을 선택한 이유는 제품 판매 웹앱 구현을 통해 사용되는 코드가 대다수의 애플리케이션 개발 시 구현해야 하는 코드의 기본이 되기 때문입니다. 그래서 여러분이 제품 판매 웹앱 미니 프로젝트를 이해한다면 대다수의 웹 애플리케이션 개발을 무리 없이 할 수 있을 것입니다.

14.2 프로젝트 소프트웨어 구성

이 프로젝트에서 사용된 소프트웨어 구성은 다음과 같습니다.

클라이언트	Vue.js	Vue.js는 사용자 인터페이스 개발을 위한 Progressive 프레임워크입니다. 웹과 네이티브 앱의 이점을 모두 수용한 프론트엔드 프레임워크입니다.
	Bootstrap	Bootstrap은 반응형 웹을 지원하며, 웹 애플리케이션 개발에 가장 많이 사용되는 HTML,CSS,JavaScript 프레임워크입니다.
서버	Node.js	Node.js는 서버사이드 자바스크립트 개발 환경으로 구글의 자바스크립트 엔진인 V8을 기반으로 서버 애플리케이션 개발에 사용되는 소프트웨어 플랫폼입니다.
	Express.js	Express.js는 Node.js 기반에서 가장 많이 사용되는 웹 프레임워크입니다. Express.js로 웹 서버를 빠르게 구축할 수 있습니다.
데이터베이스	MariaDB	MariaDB는 오픈소스 RDBMS(관계형 데이터베이스 시스템) 소프트웨어입니다.

14.3 클라이언트(Vue 프로젝트)

» 14.3.1 Vue CLI로 프로젝트 생성

Vue CLI로 프로젝트를 생성하는 방법은 챕터 3장에서 자세하게 소개했기 때문에 상세한 설명은 생략하겠습니다.

터미널에 다음 명령어를 입력하여 vue 프로젝트를 생성합니다.

```
vue create mini-project-shop
```

» 14.3.2 Bootstrap 추가하기

public 폴더의 index.html 파일을 열고 bootstrap을 사용하기 위한 css, js를 header 영역에 추가합니다. bootstrap의 css, js 파일에 대한 cdn 주소는 bootstrap 공식 사이트(https://getbootstrap.com/docs/5.0/getting-started/introduction/)에서 언제나 최신 버전을 확인할 수 있습니다.

» 파일경로 mini-project-shop/blob/master/client/public/index.html

```
<link href="https://cdn.jsdelivr.net/npm/bootstrap@5.0.0-beta1/dist/css/
bootstrap.min.css" rel="stylesheet" integrity="sha384-giJF6kkoqNQ00vy+HMDP7azOuL0
xtbfIcaT9wjKHr8RbDVddVHyTfAAsrekwKmP1" crossorigin="anonymous">
<script src="https://cdn.jsdelivr.net/npm/bootstrap@5.0.0-beta1/dist/js/
bootstrap.bundle.min.js" integrity="sha384-ygbV9kiqUc6oa4msXn9868pTtWMgiQaeYH7/
t7LECLbyPA2x65Kgf80OJFdroafW" crossorigin="anonymous"></script>
```

» 14.3.3 화면 레이아웃 만들기 : Header, Main, Footer

실제 프로젝트에서는 대부분 기획자/디자이너/개발자가 팀을 이루어서 작업합니다. 여러분이 개발자라면 디자이너로부터 화면 레이아웃에 해당하는 HTML 파일을 전달받게 됩니다. 전달받은 HTML 코드에서 Header 영역과 Footer 영역을 분리해서 Header.vue, Footer.vue 파일을 만들어야 합니다.

일반적으로 Header 영역에는 애플리케이션 로고, 메뉴에 해당하는 내비게이션 등이 있고, Footer에는 애플리케이션을 제공하는 회사 정보를 입력합니다. 보통 Header 영역과 Footer 영역은 애플리케이션 내에서 메뉴가 이동되더라도 바뀌지 않고 그대로 유지되는 영역이기 때문에 이렇게 별도의 컴포넌트로 만들어서 관리하게 됩니다.

Header.vue

메뉴 이동을 위한 내비게이션 코드를 작성합니다.

» 파일경로 mini-project-shop/blob/master/client/src/layouts/Header.vue

```
<template>
  <nav class="navbar navbar-expand-lg navbar-dark bg-dark">
    <div class="container-fluid">
      <a class="navbar-brand" href="#">Soldout</a>
      <button class="navbar-toggler" type="button" data-bs-toggle="collapse" data-bs-tar
get="#navbarSupportedContent" aria-controls="navbarSupportedContent" aria-expanded="false"
aria-label="Toggle navigation">
        <span class="navbar-toggler-icon"></span>
      </button>
      <div class="collapse navbar-collapse" id="navbarSupportedContent">
        <ul class="navbar-nav me-auto mb-2 mb-lg-0">
          <li class="nav-item">
            <router-link class="nav-link" to="/">홈</router-link>
          </li>
          <li class="nav-item">
            <router-link class="nav-link active" to="/">제품리스트</router-link>
          </li>
          <li class="nav-item">
            <router-link class="nav-link" to="/detail">제품상세페이지</router-link>
          </li>
          <li v-if="user.email!=undefined" class="nav-item">
            <router-link class="nav-link" to="/sales">제품등록페이지</router-link>
          </li>
        </ul>
        <form class="d-flex">
          <input class="form-control me-2" type="search" placeholder="Search" aria-
label="Search">
          <button class="btn btn-outline-success" type="submit">Search</button>
        </form>
      </div>
    </div>
  </nav>
</template>
<script>
  export default {
    name: 'header'
  }
</script>
```

Footer.vue

footer 태그 안에 자유롭게 애플리케이션 하단에 보여줄 컨텐츠를 구현합니다.

» 파일경로 mini-project-shop/blob/master/client/src/layouts/Header.vue

```
<template>
  <footer class="mt-5 py-5 bg-dark text-white">
    &copy; 2021
  </footer>
</template>
<script>
  export default {
    name: 'footer'
  }
</script>
```

App.vue

앞서 생성한 Header.vue, Footer.vue 파일을 import 하고, 제품 판매 웹앱의 화면 레이아웃을 구성합니다.

» 파일경로 mini-project-shop/blob/master/client/src/App.vue

```
<template>
  <div>
    <Header />
    <router-view/>
    <Footer />
  </div>
</template>
<script>
  import Header from './layouts/Header';
  import Footer from './layouts/Footer';
  export default {
    components: {Header, Footer},
    computed: {
      user() {
        return this.$store.state.user;
      }
    }
  }
</script>
```

» 14.3.4 라우터 구성

routes 폴더의 index.js에 다음과 같이 라우터 정보를 추가합니다. 우리는 아직 제품 판매 웹앱의 각 페이지에 해당하는 컴포넌트를 만들지 않았기 때문에 에러가 납니다. 라우터에 등록된 ProductList.vue, ProductDetail.vue, ProductCreate.vue, ProductUpdate.vue, SalesList.vue, ImageInsert.vue 파일을 생성하고 Vue 컴포넌트의 기본 골격 구조만 작성해 놓습니다.

» 파일경로 mini-project-shop/blob/master/client/src/router/index.js

```
import {
  createRouter,
  createWebHistory
} from 'vue-router'
import ProductList from '../views/ProductList.vue'
import ProductDetail from '../views/ProductDetail.vue'
import ProductCreate from '../views/ProductCreate.vue'
import ProductUpdate from '../views/ProductUpdate.vue'
import SalesList from '../views/SalesList.vue'
import ImageInsert from '../views/ImageInsert.vue'

const routes = [{
      path: '/',
      name: 'Home',
      component: ProductList
   },
   {
      path: '/detail',
      name: 'ProductDetail',
      component: ProductDetail
   },
   {
      path: '/create',
      name: 'ProductCreate',
      component: ProductCreate
   },
   {
      path: '/update',
      name: 'ProductUpdate',
      component: ProductUpdate
   },
   {
      path: '/sales',
```

```
      name: 'SalesList',
      component: SalesList
    },
    {
      path: '/image_insert',
      name: 'ImageInsert',
      component: ImageInsert
    }
  ]

  const router = createRouter({
    history: createWebHistory(process.env.BASE_URL),
    routes
  })
export default router
```

» 14.3.5 Store.js

vue-store를 설치하고 다음과 같이 루트 src 폴더에 store.js 파일을 생성합니다. 제품 판매 웹에서는 카카오 계정으로 로그인을 사용하게 되고, 카카오 계정 로그인을 통해 받아온 사용자 정보를 store에 저장해서 사용합니다.

» 파일경로 mini-project-shop/blob/master/client/src/store.js

```
import {
  createStore
} from 'vuex'

import persistedstate from 'vuex-persistedstate';

const store = createStore({
  state() {
    return {
      user: {}
    }
  },
  mutations: {
    user(state, data) {
      state.user = data;
    }
  },
  plugins: [
```

```
        persistedstate({
            paths: ['user']
        })
    ]
});
export default store;
```

» 14.3.6 Mixins.js

믹스인 파일은 main.js에 전역으로 등록해서 사용합니다. 믹스인 파일에는 서버와의 데이터 통신을 위한 $api 메소드, 제품 이미지를 서버로 업로드 하기 위해서 이미지 파일을 base64 String으로 변환하기 위한 $base64 메소드, 제품 가격의 금액 표기를 위한 $currencyFormat 메소드가 구현이 되었습니다. 메소드명에 $를 사용한 이유는 하위 컴포넌트에서 동일한 메소드명을 사용하면 믹스인 파일의 메소드를 오버라이딩 하기 때문에 충돌을 방지하기 위해서입니다.

» 파일경로 mini-project-shop/blob/master/client/src/mixins.js

```
import axios from 'axios';

export default {
    methods: {
        async $api(url, data) {
            return (await axios({
                method: 'post',
                url,
                data
            }).catch(e => {
                console.log(e);
            })).data;
        },
        $base64(file) {
            return new Promise(resolve => {
                var a = new FileReader();
                a.onload = e => resolve(e.target.result);
                a.readAsDataURL(file);
            });
        },
        $currencyFormat(value, format = '#,###') {
            if (value == 0 || value == null) return 0;
```

```
    var currency = format.substring(0, 1);
    if (currency == '$' || currency == '₩') {
      format = format.substring(1, format.length);
    } else {
      currency = '';
    }

    var groupingSeparator = ",";
    var maxFractionDigits = 0;
    var decimalSeparator = ".";
    if (format.indexOf(".") == -1) {
      groupingSeparator = ",";
    } else {
      if (format.indexOf(",") < format.indexOf(".")) {
        groupingSeparator = ",";
        decimalSeparator = ".";
        maxFractionDigits = format.length - format.indexOf(".") - 1;
      } else {
        groupingSeparator = ".";
        decimalSeparator = ",";
        maxFractionDigits = format.length - format.indexOf(",") - 1;
      }
    }

    var prefix = "";
    var d = "";
    var dec = 1;
    for (var i = 0; i < maxFractionDigits; i++) {
      dec = dec * 10;
    }

    var v = String(Math.round(parseFloat(value) * dec) / dec);

    if (v.indexOf("-") > -1) {
      prefix = "-";
      v = v.substring(1);
    }

    if (maxFractionDigits > 0 && format.substring(format.length - 1, format.length) ==
'0') {
      v = String(parseFloat(v).toFixed(maxFractionDigits));
    }

    if (maxFractionDigits > 0 && v.indexOf(".") > -1) {
```

```
            d = v.substring(v.indexOf("."));
            d = d.replace(".", decimalSeparator);
            v = v.substring(0, v.indexOf("."));
         }
         var regExp = /\D/g;
         v = v.replace(regExp, "");
         var r = /(\d+)(\d{3})/;
         while (r.test(v)) {
            v = v.replace(r, '$1' + groupingSeparator + '$2');
         }

         return prefix + currency + String(v) + String(d);
      }
   }
}
```

» 14.3.7 Main.js

main.js의 제일 하단에 카카오 계정으로 로그인을 사용하기 위해 발급받은 키가 정의되어 있습니다.

» 파일경로 mini-project-shop/blob/master/client/src/main.js

```
import {
 createApp
} from 'vue'

import App from './App.vue'
import router from './router'
import mixins from './mixins'
import store from './store'
import VueSweetalert2 from 'vue-sweetalert2';
import 'sweetalert2/dist/sweetalert2.min.css';

const app = createApp(App);
app.use(router);
app.mixin(mixins);
app.use(store);
app.use(VueSweetalert2);
app.mount('#app');

window.Kakao.init("카카오 앱 키");
```

» 14.3.8 카카오 계정으로 로그인하기

카카오 계정으로 로그인을 사용하기 위해서 카카오에서 제공하는 JavaScript SDK를 삽입합니다.

public/index.html 파일을 열어서 SDK를 추가합니다.

카카오 계정으로 로그인을 사용하기 위한 자세한 설명은 이 책의 해당 챕터(13.1 카카오 계정으로 로그인하기)을 확인하시면 됩니다.

» 파일경로 mini-project-shop/blob/master/client/public/index.html

```
<script type="text/javascript" src="https://developers.kakao.com/sdk/js/kakao.min.js"></script>
```

Header.vue 파일을 열고 로그인 버튼과 로그아웃 버튼에 해당하는 HTML 태그를 추가합니다.

» 파일경로 mini-project-shop/blob/master/client/src/layouts/Header.vue

```
<template>
  <nav class="navbar navbar-expand-lg navbar-dark bg-dark">
    <div class="container-fluid">
      <a class="navbar-brand" href="#">Soldout</a>
      <button class="navbar-toggler" type="button" data-bs-toggle="collapse" data-bs-tar
get="#navbarSupportedContent" aria-controls="navbarSupportedContent" aria-expanded="false"
aria-label="Toggle navigation">
        <span class="navbar-toggler-icon"></span>
      </button>
      <div class="collapse navbar-collapse" id="navbarSupportedContent">
        <ul class="navbar-nav me-auto mb-2 mb-lg-0">
          <li class="nav-item">
            <router-link class="nav-link" to="/">홈</router-link>
          </li>
          <li class="nav-item">
            <router-link class="nav-link active" to="/">제품리스트</router-link>
          </li>
          <li class="nav-item">
            <router-link class="nav-link" to="/detail">제품상세페이지</router-link>
          </li>
          <li v-if="user.email!=undefined" class="nav-item">
            <router-link class="nav-link" to="/sales">제품등록페이지</router-link>
```

```
            </li>
            <li v-if="user.email==undefined"><button class="btn btn-danger" type="button"
@click="kakaoLoin">로그인</button></li>
            <li v-else><button class="btn btn-danger" type="button"
@click="kakaoLogout">로그아웃</button></li>
          </ul>
          <form class="d-flex">
            <input class="form-control me-2" type="search" placeholder="Search" aria-
label="Search">
              <button class="btn btn-outline-success" type="submit">Search</button>
          </form>
        </div>
      </div>
    </nav>
</template>
```

사용자 정보가 있는 경우에는 로그아웃 버튼이 보이고, 사용자 정보가 없는 경우에는 로그인 버튼이 보이도록 v-if 디렉티브를 사용해서 제어하고 있습니다.

카카오 로그인/로그아웃을 처리하기 위해서 다음과 같이 메소드를 추가합니다.

```
<script>
export default {
  name: 'header',
  computed: {
    user() {
      return this.$store.state.user;
    }
  },
  methods: {
    kakaoLoin() {
      window.Kakao.Auth.login({
        scope: 'profile, account_email, gender',
        success: this.getProfile
      });
    },
    getProfile(authObj) {
      console.log(authObj);
      window.Kakao.API.request({
        url: '/v2/user/me',
        success: res => {
          const kakao_account = res.kakao_account;
```

```
                console.log(kakao_account);
                this.login(kakao_account);
                alert("로그인 성공!");
            }
        });
    },
    async login(kakao_account) {
        await this.$api("/api/login", {
            param: [
            {email:kakao_account.email, nickname:kakao_account.profile.nickname},
            {nickname:kakao_account.profile.nickname}
            ]
        });

        this.$store.commit("user", kakao_account);
    },
    kakaoLogout() {
        window.Kakao.Auth.logout((response) => {
            console.log(response);
            this.$store.commit("user", {});
            alert("로그아웃");
            this.$router.push({path:'/'});
        });
    }
  }
}
</script>
```

카카오 계정으로 로그인이 완료되면 사용자 정보를 저장소(store)에 저장해서 프로젝트 내의 모든 컴포넌트에서 사용자 로그인 여부를 체크할 수 있도록 했습니다.

» 14.3.9 Proxy 서버 구성

루트 디렉토리에 있는 vue.config.js 파일을 열어서 다음 코드를 추가합니다.

» 파일경로 mini-project-shop/blob/master/client/vue.config.js

```
const target = 'http://127.0.0.1:3000';

module.exports = {
  devServer: {
```

```
        port: 8080,
        proxy: {
            '^/api': {
                target,
                changeOrigin: true
            },
            '^/upload': {
                target,
                changeOrigin: true,
            },
            '^/download': {
                target,
                changeOrigin: true,
            }
        }
    }
}
```

프록시 서버를 추가한 이유는 Vue 프로젝트는 클라이언트로, Node.js 프로젝트는 서버로 각각 별도의 포트로 실행시킬 것이기 때문입니다. 이렇게 클라이언트와 서버의 포트가 다른 경우에는 HTTP 통신을 위해서 프록시 서버를 추가해줘야 CORS 문제를 해결할 수 있습니다.

» 14.3.10 제품 리스트 컴포넌트 만들기

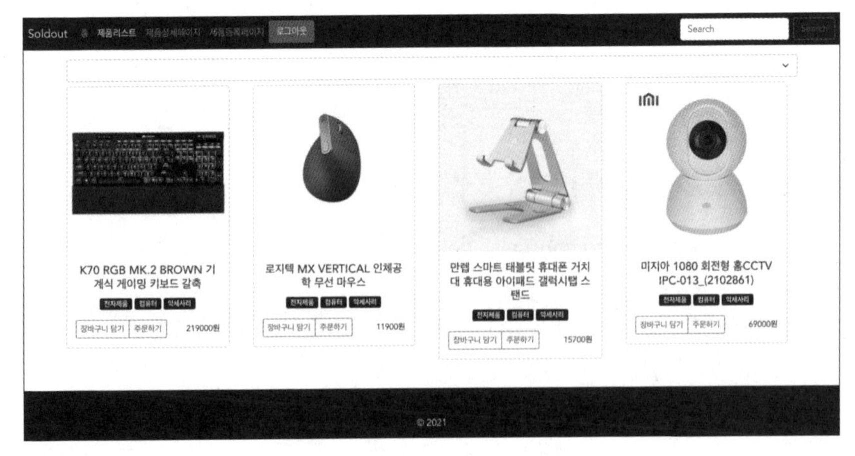

그림 14-2 제품 판매 웹앱 리스트 컴포넌트

제품 리스트 컴포넌트는 데이터베이스에 저장되어 있는 제품 목록을 가져와서 카드 형태로 보여주는 화면입니다.

» 파일경로 mini-project-shop/blob/master/client/src/views/ProductList.vue

```
<template>
<main class="mt-3">
  <div class="container">
    <div class="row mb-2">
      <div class="col-12">
        <select class="form-select">
          <option selected></option>
          <option value="1">노트북</option>
          <option value="2">모니터</option>
          <option value="3">마우스/키보드</option>
        </select>
      </div>
    </div>
    <div class="row">
      <div class="col-xl-3 col-lg-4 col-md-6" :key="i" v-for="(product,i) in productList">
        <div class="card" style="width: 18rem;">
          <a @click="goToDetail(product.id);" style="cursor:pointer;"><img :src="`/downlo
ad/${product.id}/${product.path}`" class="card-img-top" alt="..."></a>
          <div class="card-body">
            <h5 class="card-title">{{product.product_name}}</h5>
            <p class="card-text">
              <span class="badge bg-dark text-white mr-1">{{product.category1}}</span>
              <span class="badge bg-dark text-white mr-1">{{product.category2}}</span>
              <span class="badge bg-dark text-white">{{product.category3}}</span>
            </p>
            <div class="d-flex justify-content-between align-items-center">
              <div class="btn-group" role="group">
                <button type="button" class="btn btn-sm btn-outline-
secondary">장바구니 담기</button>
                <button type="button" class="btn btn-sm btn-outline-
secondary">주문하기</button>
              </div>
              <small class="text-dark">{{product.product_price}}원</small>
            </div>
          </div>
        </div>
      </div>
    </div>
  </div>
```

```
</main>
</template>

<script>
export default {
   data() {
      return {
         productList: []
      };
   },
   created() {
      this.getProductList();
   },
   methods: {
      async getProductList() {
         this.productList = await this.$api("/api/productList",{});
         console.log(this.productList);
      },
      goToDetail(product_id) {
      this.$router.push({path:'/detail', query:{product_id:product_id}});
      }
   }
}
</script>
```

제품 리스트 화면이 열림과 동시에 화면상에 제품 목록을 출력해야 하기 때문에, Vue 컴포넌트의 created() 훅을 통해 컴포넌트가 생성됨과 동시에 제품 목록을 가져오는 메소드를 실행하도록 되어 있습니다.

» 14.3.11 제품 상세 컴포넌트 만들기

제품 상세 컴포넌트는 제품 리스트 화면에서 제품 하나를 선택했을 때, 선택한 제품에 대한 상세 정보를 보여주는 화면입니다.

제품에 대한 다양한 이미지와 제품 상세 설명을 확인할 수 있습니다. 일반적인 쇼핑몰이 제품 상세 설명을 이미지로 하고 있기 때문에, 여기서도 동일하게 제품 상세 설명은 이미지로 표현되도록 작성되었습니다.

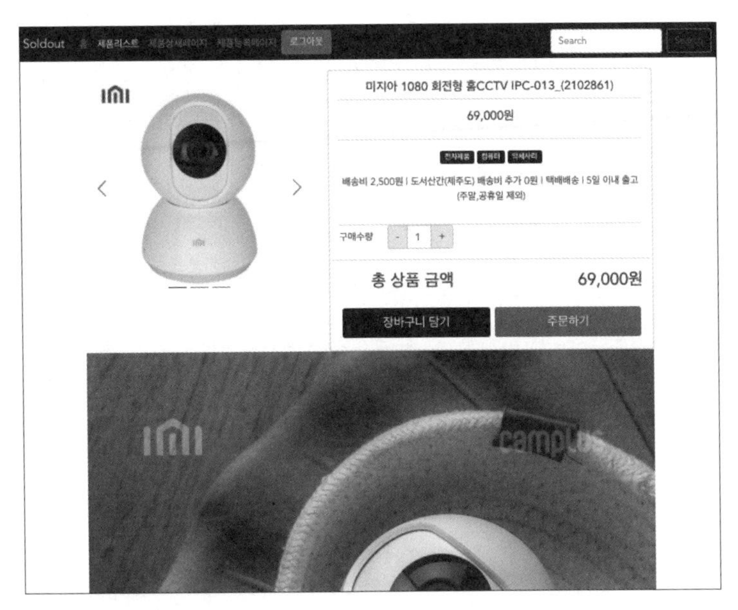

그림 14-3 제품 판매 웹앱 상세 컴포넌트

» 파일경로 mini-project-shop/blob/master/client/src/views/ProductDetail.vue

```
<template>
  <main class="mt-3">
    <div class="container">
      <div class="row">
        <div class="col-md-5">
          <div id="carouselExampleIndicators" class="carousel carousel-dark slide" data-bs-
ride="carousel">
            <ol class="carousel-indicators">
              <li data-bs-target="#carouselExampleIndicators" data-bs-slide-to="0"
class="active"></li>
              <li data-bs-target="#carouselExampleIndicators" data-bs-slide-to="1"></li>
              <li data-bs-target="#carouselExampleIndicators" data-bs-slide-to="2"></li>
            </ol>
            <div class="carousel-inner">
              <div :class="`carousel-item ${i==0?'active':''}`" :key="i" v-for="(pimg, i)
in productImage">
                <img :src="`/download/${productId}/${pimg.path}`" class="d-block w-100"
alt="...">
              </div>
            </div>
            <a class="carousel-control-prev" href="#carouselExampleIndicators"
```

```
role="button" data-bs-slide="prev">
                    <span class="carousel-control-prev-icon" aria-hidden="true"></span>
                    <span class="visually-hidden">Previous</span>
                  </a>
                  <a class="carousel-control-next" href="#carouselExampleIndicators"
role="button" data-bs-slide="next">
                    <span class="carousel-control-next-icon" aria-hidden="true"></span>
                    <span class="visually-hidden">Next</span>
                  </a>
                </div>
              </div>
              <div class="col-md-7">
                <div class="card shadow-sm">
                  <div class="card-body">
                    <h5 class="card-title">{{productDetail.product_name}}</h5>
                    <h5 class="card-title pt-3 pb-3 border-top">{{getCurrencyFormat(productDeta
il.product_price)}}원</h5>
                    <p class="card-text border-top pt-3">
                      <span class="badge bg-dark me-1">{{productDetail.category1}}</span>
                      <span class="badge bg-dark me-1">{{productDetail.category2}}</span>
                      <span class="badge bg-dark">{{productDetail.category3}}</span>
                    </p>
                    <p class="card-text pb-3">
                      배송비 {{getCurrencyFormat(productDetail.delivery_price)}}원 |
도서산간(제주도) 배송비 추가 {{getCurrencyFormat(productDetail.add_delivery_price)}}원 |
택배배송 | {{productDetail.outbound_days}}일 이내 출고 (주말,공휴일 제외)
                    </p>
                    <div class="card-text border-top pb-3">
                      <div class="row">
                        <div class="col-auto">
                          <label class="col-form-label">구매수량</label>
                        </div>
                        <div class="col-auto">
                          <div class="input-group">
                            <span class="input-group-text" style="cursor:pointer;"
@click="calculatePrice(-1);">-</span>
                            <input type="text" class="form-control" style="width:40px;"
v-model="total">
                            <span class="input-group-text" style="cursor:pointer;"
@click="calculatePrice(1);">+</span>
                          </div>
                        </div>
                      </div>
                    </div>
                  <div class="row pt-3 pb-3 border-top">
```

```
                    <div class="col-6">
                        <h3>총 상품 금액</h3>
                    </div>
                    <div class="col-6" style="text-align: right;">
                        <h3>{{getCurrencyFormat(totalPrice)}}원</h3>
                    </div>
                </div>
                <div class="d-flex justify-content-between align-items-center">
                    <div class="col-6 d-grid p-1">
                        <button type="button" class="btn btn-lg btn-dark">장바구니 담기</button>
                    </div>
                    <div class="col-6 d-grid p-1">
                        <button type="button" class="btn btn-lg btn-danger">주문하기</button>
                    </div>
                </div>
            </div>
        </div>
    </div>
</div>
<div class="row">
    <div class="col-12">
        <img :src="'/download/${productId}/${productDetail.path}'" class="img-fluid" />
    </div>
</div>
</div>
</main>
</template>

<script>
export default {
    data() {
        return {
            productId: 0,
            productDetail: {},
            productImage: [],
            total: 1,
            totalPrice: 0
        };
    },
    created() {
        this.productId = this.$route.query.product_id;
        this.getProductDetail();
        this.getProductImage();
    },
    methods: {
```

```
        calculatePrice(cnt) {
            let total = this.total + cnt;
            if(total < 1) total = 1;
            this.total = total;
            this.totalPrice = this.productDetail.product_price * this.total;
        },
        getCurrencyFormat(value) {
            return this.$currencyFormat(value);
        },
        async getProductDetail() {
            let productDetail = await this.$api("/api/productDetail",{param:[this.productId]});
            if(productDetail.length > 0) {
                this.productDetail = productDetail[0];
                this.totalPrice = this.totalPrice = this.productDetail.product_price * this.total;
            }
            console.log(this.productDetail);
        },
        async getProductImage() {
            this.productImage = await this.$api("/api/productMainImages",{param:[this.productId]});
            console.log('this.productImage',this.productImage)
        }
    }
}
</script>
```

» 14.3.12 제품 관리 컴포넌트 만들기

그림 14-4 제품 판매 웹앱 제품 관리 컴포넌트

제품 판매자가 최초에 제품을 등록하고, 수정, 삭제 등 판매할 제품을 관리하는 컴포넌트입니다. 제품 기본정보를 등록하여 제품을 등록하고, 제품 사진은 제품 등록 후 제품 번호가 생성된 후 등록하도록 기능이 분리되어 있습니다.

» 파일경로 mini-project-shop/blob/master/client/src/views/SalesList.vue

```
<template>
  <main class="mt-3">
    <div class="container">
      <div class="float-end mb-1">
        <button type="button" class="btn btn-dark" @click="goToInsert">제품등록</button>
      </div>
    <table class="table table-bordered">
      <thead>
        <tr>
          <th></th>
          <th>제품명</th>
          <th>제품가격</th>
          <th>배송비</th>
          <th>추가 배송비</th>
          <th></th>
        </tr>
      </thead>
      <tbody>
        <tr :key="i" v-for="(product, i) in productList">
          <td>
            <img v-if="product.path!=null" :src="`/download/${product.id}/${product.pa
th}`" style="height:50px;width:auto;" />
          </td>
          <td>{{product.product_name}}</td>
          <td>{{product.product_price}}</td>
          <td>{{product.delivery_price}}</td>
          <td>{{product.add_delivery_price}}</td>
          <td>
            <button type="button" class="btn btn-info me-1" @click="goToImageInsert(pr
oduct.id);">사진등록</button>
            <button type="button" class="btn btn-warning me-1" @click="goToUpdate(prod
uct.id);">수정</button>
            <button type="button" class="btn btn-danger" @click="deleteProduct(product
.id);">삭제</button>
            </td>
          </tr>
        </tbody>
      </table>
```

```
    </div>
  </main>
</template>

<script>
export default {
  data() {
    return {
      productList: []
    };
  },
  created() {
    this.getProductList();
  },
  methods: {
    async getProductList() {
      this.productList = await this.$api("/api/productList2",{});
      console.log(this.productList);
    },
    goToInsert() {
      this.$router.push({path:'/create'});
    },
    goToDetail(product_id) {
      this.$router.push({path:'/detail', query:{product_id:product_id}});
    },
    goToUpdate(product_id) {
      this.$router.push({path:'/update', query:{product_id:product_id}});
    },
    goToImageInsert(product_id) {
      this.$router.push({path:'/image_insert', query:{product_id:product_id}});
    },
    deleteProduct(product_id) {
      this.$swal.fire({
        title: '정말 삭제하시겠습니까?',
        showCancelButton: true,
        confirmButtonText: `삭제`,
        cancelButtonText: `취소`
      }).then(async (result) => {
        if (result.isConfirmed) {
          console.log(product_id)
          await this.$api("/api/productDelete",{param:[product_id]});
          this.getProductList();
          this.$swal.fire('삭제되었습니다!', '', 'success')
        }
      });
```

```
        }
    }
}
</script>
```

» 14.3.13 제품 등록 컴포넌트 만들기

제품의 기본 정보를 입력해서 제품을 등록하는 컴포넌트입니다. 제품 사진을 등록하는 기능을 별도의 컴포넌트로 분리했습니다. 이렇게 구성한 이유는 제품 기본 정보와 여러 장의 제품 사진을 한 번에 등록할 경우, 서버에 전송되는 데이터가 많아져서 네트워크에 부담이 될 수 있으며, 네트워크 상태에 따라 사진이 업로드되다가 끊겨서 제품을 등록하지 못하는 상황을 방지하기 위해서입니다.

그림 14-5 제품 판매 웹앱 제품 등록 컴포넌트

실제 업무에서도 제품 기본 정보만을 입력하여 빠르게 제품을 등록하고 제품 사진은 별도로 관리할 수 있도록 분리하는 것이 훨씬 효율을 높일 수 있습니다.

» 파일경로 mini-project-shop/blob/master/client/src/views/ProductCreate.vue

```
<template>
  <main class="mt-3">
    <div class="container">
      <h2 class="text-center">제품 등록</h2>
      <div class="mb-3 row">
        <label class="col-md-3 col-form-label">제품명</label>
        <div class="col-md-9">
          <input type="text" class="form-control" v-model="product.product_name">
        </div>
      </div>
      <div class="mb-3 row">
        <label class="col-md-3 col-form-label">제품가격</label>
        <div class="col-md-9">
          <div class="input-group mb-3">
            <input type="number" class="form-control" v-model="product.product_price">
            <span class="input-group-text">원</span>
          </div>
        </div>
      </div>
      <div class="mb-3 row">
        <label class="col-md-3 col-form-label">배송비</label>
        <div class="col-md-9">
          <div class="input-group mb-3">
            <input type="number" class="form-control" v-model="product.delivery_price">
            <span class="input-group-text">원</span>
          </div>
        </div>
      </div>
      <div class="mb-3 row">
        <label class="col-md-3 col-form-label">추가배송비(도서산간)</label>
        <div class="col-md-9">
          <div class="input-group mb-3">
            <input type="number" class="form-control" v-model="product.add_delivery_pri
ce">
            <span class="input-group-text">원</span>
          </div>
        </div>
      </div>
      <div class="mb-3 row">
        <label class="col-md-3 col-form-label">제품카테고리</label>
        <div class="col-md-9">
          <div class="row">
            <div class="col-auto">
```

```
                <select class="form-select" v-model="cate1" @change="changeCategory1">
                  <option :value="cate" :key=i v-for="(cate,i) in category1">{{cate}}</
option>
                </select>
              </div>
              <div class="col-auto">
                <select class="form-select" v-model="cate2" @change="changeCategory2">
                  <option :value="cate" :key=i v-for="(cate,i) in category2">{{cate}}</
option>
                </select>
              </div>
              <div class="col-auto">
                <select class="form-select" v-model="cate3">
                  <option :value="cate" :key=i v-for="(cate,i) in category3">{{cate}}</
option>
                </select>
              </div>
            </div>
          </div>
        </div>
        <div class="mb-3 row">
          <label class="col-md-3 col-form-label">태그</label>
          <div class="col-md-9">
            <input type="text" class="form-control" v-model="product.tags">
          </div>
        </div>
        <div class="mb-3 row">
          <label class="col-md-3 col-form-label">출고일</label>
          <div class="col-md-9">
            <div class="input-group mb-3">
              <input type="number" class="form-control" v-model="product.outbound_days">
              <span class="input-group-text">일 이내 출고</span>
            </div>
          </div>
        </div>
        <div class="mb-3 row">
          <div class="col-6 d-grid p-1">
            <button type="button" class="btn btn-lg btn-dark" @click="goToList">취소하기</
button>
          </div>
          <div class="col-6 d-grid p-1">
            <button type="button" class="btn btn-lg btn-danger"
@click="productInsert">저장하기</button>
          </div>
        </div>
```

```
      </div>
    </main>
</template>
<script>
export default {
    data() {
        return {
            product: {
                product_name: "",
                product_price: 0,
                delivery_price: 0,
                add_delivery_price: 0,
                tags: "",
                outbound_days: 0,
                category_id: 1,
                seller_id: 1
            },
            categoryList: [],
            category1:[],
            category2:[],
            category3:[],
            cate1: "",
            cate2: "",
            cate3: ""
        };
    },
    computed: {
        user() {
            return this.$store.state.user;
        }
    },
    created() {
        this.getCategoryList();
    },
    mounted() {
        if(this.user.email == undefined) {
            alert("로그인을 해야 이용할 수 있습니다.");
            this.$router.push({path:'/'});
        }
    },
    methods: {
        goToList(){
            this.$router.push({path:'/sales'});
        },
        async getCategoryList(){
```

```
    let categoryList = await this.$api("/api/categoryList",{});
    this.categoryList = categoryList;

    let oCategory = {};
    categoryList.forEach(item => {
        oCategory[item.category1] = item.id;
    });

    let category1 = [];
      for(let key in oCategory) {
        category1.push(key);
      }
      this.category1 = category1;

    let category2 = [];
    category2 = categoryList.filter(c => {
      return c.category1 == category1[0];
    });

    let oCategory2 = {};
    category2.forEach(item => {
      oCategory2[item.category2] = item.id;
    });

    category2 = [];
    for(let key in oCategory2) {
      category2.push(key);
    }

    this.category2 = category2;
    // console.log(category2);

  },
  changeCategory1(){
    // this.cate1
    this.category3 = [];
    let categoryList = this.categoryList.filter(c => {
      return c.category1 == this.cate1;
    });

    let oCategory2 = {};
    categoryList.forEach(item => {
      oCategory2[item.category2] = item.id;
    });
```

```
            let category2 = [];
            for(let key in oCategory2) {
               category2.push(key);
            }

            this.category2 = category2;
         },
         changeCategory2(){
            let categoryList = this.categoryList.filter(c => {
               return (c.category1 == this.cate1 && c.category2 == this.cate2);
            });

            let oCategory3 = {};
            categoryList.forEach(item => {
               oCategory3[item.category3] = item.id;
            });

            let category3 = [];
            for(let key in oCategory3) {
               category3.push(key);
            }

            this.category3 = category3;
         },
         productInsert() {
            if(this.product.product_name == "") {
               return this.$swal("제품명은 필수 입력값입니다.");
            }

            if(this.product.product_price == "" || this.product.product_price == 0) {
               return this.$swal("제품 가격을 입력하세요.");
            }

            if(this.product.delivery_price == "" || this.product.delivery_price == 0) {
               return this.$swal("배송료를 입력하세요.");
            }

            if(this.product.outbound_days == "" || this.product.outbound_days == 0) {
               return this.$swal("출고일을 입력하세요.");
            }

            this.product.category_id = this.categoryList.filter(c => {
               return (c.category1 == this.cate1 && c.category2 == this.cate2 && c.category3 ==
this.cate3);
            })[0].id;
```

```
            console.log(this.product.category_id);

            this.$swal.fire({
               title: '정말 등록 하시겠습니까?',
               showCancelButton: true,
               confirmButtonText: '생성',
               cancelButtonText: '취소'
            }).then(async (result) => {
               if (result.isConfirmed) {
                  await this.$api("/api/productInsert",{param:[this.product]});
                  this.$swal.fire('저장되었습니다!', '', 'success');
                  this.$router.push({path:'/sales'});
               }
            });
         }
      }
   }
</script>
```

여기서 주의해야 할 코드는 사용자 로그인 여부를 체크하는 부분입니다. 제품 등록의 경우 로그인한 사용자만 등록할 수 있으므로, computed 옵션에서 저장소(store)의 사용자 정보 변화 여부를 항상 체크할 수 있도록 한 후, mounted() 훅에서 사용자 정보 즉 this.user.email이 있는지 여부를 통해 사용자의 로그인 여부를 판단하는 코드가 작성되어 있습니다.

```
computed: {
  user() {
    return this.$store.state.user;
  }
},
created() {
  this.getCategoryList();
},
mounted() {
  if(this.user.email == undefined) {
    alert("로그인을 해야 이용할 수 있습니다.");
    this.$router.push({path:'/'});
  }
}
```

» 14.3.14 제품 사진 등록 컴포넌트 만들기

제품 사진 등록은 섬네일 이미지, 제품 메인 이미지(여러 장), 제품 설명을 위한 이미지 이렇게 3가지 유형이 있고, 각 이미지를 등록하는 순간 바로 이미지가 서버로 업로드가 되도록 구현되었습니다.

그림 14-6 제품 판매 웹앱 제품 사진 등록 컴포넌트

» 파일경로 mini-project-shop/blob/master/client/src/views/ImageInsert.vue

```
<template>
<main class="mt-3">
  <div class="container">
    <h2 class="text-center">제품 사진 등록</h2>
    <div class="mb-3 row">
      <label class="col-md-3 col-form-label">제품ID</label>
      <div class="col-md-9">
        {{productId}}
      </div>
    </div>
    <div class="mb-3 row">
      <label class="col-md-3 col-form-label">제품명</label>
      <div class="col-md-9">
```

```
            {{productDetail.product_name}}
        </div>
    </div>
    <div class="mb-3 row">
        <label class="col-md-3 col-form-label">섬네일이미지</label>
        <div class="col-md-9">
            <div class="row">
                <div class="col-lg-3 col-md-4 col-sm-2" :key="i" v-for="(m,i) in productImage
.filter(c=>c.type==1)">
                    <div class="position-relative">
                        <img :src="'/download/${productId}/${m.path}'" class="img-fluid" />
                        <div class="position-absolute top-0 end-0" style="cursor:pointer;"
@click="deleteImage(m.id)">X</div>
                    </div>
                </div>
            </div>
            <input type="file" class="form-control" accept="image/png,image/jpeg" @change="u
ploadFile($event.target.files, 1)">
            <div class="alert alert-secondary" role="alert">
                <ul>
                    <li>이미지 사이즈 : 350*350</li>
                    <li>파일 사이즈 : 1M 이하</li>
                    <li>파일 확장자 : png, jpg만 가능</li>
                </ul>
            </div>
        </div>
    </div>
    <div class="mb-3 row">
        <label class="col-md-3 col-form-label">제품이미지</label>
        <div class="col-md-9">
            <div class="row">
                <div class="col-lg-3 col-md-4 col-sm-2" :key="i" v-for="(m,i) in productImage
.filter(c=>c.type==2)">
                    <div class="position-relative">
                        <img :src="'/download/${productId}/${m.path}'" class="img-fluid" />
                        <div class="position-absolute top-0 end-0" style="cursor:pointer;"
@click="deleteImage(m.id)">X</div>
                    </div>
                </div>
            </div>
            <input type="file" class="form-control" accept="image/png,image/jpeg"  @change="
uploadFile($event.target.files, 2)">
            <div class="alert alert-secondary" role="alert">
                <ul>
                    <li>최대 5개 가능</li>
                    <li>이미지 사이즈 : 700*700</li>
```

```
                <li>파일 사이즈 : 1M 이하</li>
                <li>파일 확장자 : png, jpg만 가능</li>
              </ul>
            </div>
          </div>
        </div>
        <div class="mb-3 row">
          <label class="col-md-3 col-form-label">제품설명이미지</label>
          <div class="col-md-9">
            <div class="row">
              <div class="col-lg-6 col-md-8">
                <input type="file" class="form-control" accept="image/png,image/jpeg" @cha
nge="uploadFile($event.target.files, 3)">
                <div class="alert alert-secondary" role="alert">
                  <ul>
                    <li>파일 사이즈 : 5M 이하</li>
                    <li>파일 확장자 : png, jpg만 가능</li>
                  </ul>
                </div>
              </div>
              <div class="col-lg-6 col-md-4" :key="i" v-for="(m,i) in productImage.filter(c
=>c.type==3)">
                <div class="position-relative">
                  <img :src="'/download/${productId}/${m.path}'" class="img-fluid" />
                  <div class="position-absolute top-0 end-0" style="cursor:pointer;color:
white;" @click="deleteImage(m.id)">X</div>
                </div>
              </div>
            </div>
          </div>
        </div>
        <div class="mb-3 row m-auto">
          <button type="button" class="btn btn-lg btn-dark" @click="goToList">확인</button>
        </div>
      </div>
</main>
</template>
<script>
export default {
  data() {
    return {
      productId:0,
      productName: "",
      productDetail: {},
      productImage: []
    };
```

```
  },
  computed: {
    user() {
      return this.$store.state.user;
    }
  },
  created() {
    this.productId = this.$route.query.product_id;
    this.getProductDetail();
    this.getProductImage();
  },
  mounted() {
    if(this.user.email == undefined) {
      alert("로그인을 해야 이용할 수 있습니다.");
      this.$router.push({path:'/'});
    }
  },  methods: {
    goToList(){
      this.$router.push({path:'/sales'});
    },
    async getProductDetail() {
      let productDetail = await this.$api("/api/productDetail",{param:[this.productId]});
    if(productDetail.length > 0) {
      this.productDetail = productDetail[0];
    }
  },
  async getProductImage() {
    this.productImage = await this.$api("/api/imageList",{param:[this.productId]});
    console.log('this.productImage',this.productImage)
  },
  deleteImage(id) {
    this.$swal.fire({
      title: '정말 삭제 하시겠습니까?',
      showCancelButton: true,
      confirmButtonText: `삭제`,
      cancelButtonText: `취소`
    }).then(async (result) => {
        if (result.isConfirmed) {
          await this.$api("/api/imageDelete",{param:[id]});
          this.getProductImage();
          this.$swal.fire('삭제되었습니다!', '', 'success');
        }
      });
    },
    async uploadFile(files, type) {
      let name = "";
```

```
            let data = null;
            if (files) {
               name =`files[0].name;
               data = await this.$base64(files[0]);
            }
            const { error } = await this.$api('/upload/${this.productId}/${type}/${name}', {
   data });
            if (error) {
               return this.$swal("이미지 업로드 실패했습니다. 다시 시도하세요.");
            }

            this.$swal("이미지가 업로드 되었습니다.");

            setTimeout(() => {
               this.getProductImage();
            }, 1000);
         }
      }
   }
   </script>
```

사용자가 등록할 제품 이미지를 선택하면 믹스인에 정의한 $base64 함수를 이용해서 이미지를 base64 형식의 문자열로 변환하고 변환된 문자열을 서버로 전송하게 됩니다. 서버에서는 전송받은 문자열을 이미지 파일로 변환해서 서버 폴더에 저장하는 메소드가 구현이 되어 있습니다.

14.4 서버(Node.js + Express.js)

제품 판매 웹앱의 서버는 Node.js 기반으로 구현이 되었습니다. 프로젝트의 루트 디렉토리에 'server'라는 이름으로 폴더를 생성합니다. 터미널을 열어서 웹 서버 개발을 위해 필요한 플러그인인 express, express-session, mysql 플러그인을 차례로 설치합니다.

```
npm install express
npm install express-session
npm install mysql
```

지금 설치한 3개의 플러그인은 14.4.1 app.js에 구현된 코드에서 사용하는 플러그인입니다.

- express: Node.js 기반으로 웹서버를 구동할 수 있게 해주는 플러그인입니다.
- express-session: 세션 관리를 위해 사용하는 플러그인입니다.
- mysql: 제품 판매 웹앱에서 사용하는 데이터베이스인 mariaDB를 연결하기 위해서 사용하는 플러그인입니다.

다음 명령어를 통해서 package.json 파일을 생성합니다.

```
npm init
```

server 폴더에 app.js 파일을 생성하고 다음 코드를 추가합니다.

» 14.4.1 app.js

app.js 파일은 express.js 모듈을 이용해서 구현된 웹서버입니다. app.js를 실행함으로써 웹서버가 구동됩니다.

Vue 프로젝트에서 $api 함수를 이용해서 요청(Http Request)하면 웹서버인 app.js가 요청을 받아서 응답(Http Response)합니다.

app.js에서는 데이터베이스와 통신해서 필요한 정보를 생성/수정/삭제/조회할 수 있는 기능이 구현되어 있습니다.

» 파일경로 mini-project-shop/blob/master/server/app.js

```
const express = require('express');
const app = express();
const session = require('express-session');
const fs = require('fs');

app.use(session({
   secret: 'secret code',
   resave: false,
```

```
    saveUninitialized: false,
    cookie: {
        secure: false,
        maxAge: 1000 * 60 * 60 //쿠기 유효시간 1시간
    }
}));

app.use(express.json({
    limit: '50mb'
}));

const server = app.listen(3000, () => {
    console.log('Server started. port 3000.');
});

let sql = require('./sql.js');

fs.watchFile(__dirname + '/sql.js', (curr, prev) => {
    console.log('sql 변경시 재시작 없이 반영되도록 함.');
    delete require.cache[require.resolve('./sql.js')];
    sql = require('./sql.js');
});

const db = {
    database: "dev_class",
    connectionLimit: 10,
    host: "192.168.219.100",
    user: "root",
    password: "mariadb"
};

const dbPool = require('mysql').createPool(db);

app.post('/api/login', async (request, res) => {
    try {
        await req.db('signUp', request.body.param);
        if (request.body.param.length > 0) {
            for (let key in request.body.param[0]) request.session[key] =
request.body.param[0][key];
            res.send(request.body.param[0]);
        } else {
            res.send({
                error: "Please try again or contact system manager."
            });
        }
```

```
    } catch (err) {
        res.send({
            error: "DB access error"
        });
    }
});

app.post('/api/logout', async (request, res) => {
    request.session.destroy();
    res.send('ok');
});

app.post('/upload/:productId/:type/:fileName', async (request, res) => {

    let {
        productId,
        type,
        fileName
    } = request.params;
    const dir = `${__dirname}/uploads/${productId}`;
    const file = `${dir}/${fileName}`;
    if (!request.body.data) return fs.unlink(file, async (err) => res.send({
        err
    }));
    const data = request.body.data.slice(request.body.data.indexOf(';base64,') + 8);
    if (!fs.existsSync(dir)) fs.mkdirSync(dir);
    fs.writeFile(file, data, 'base64', async (error) => {
        await req.db('productImageInsert', [{
            product_id: productId,
            type: type,
            path: fileName
        }]);

        if (error) {
            res.send({
              error
            });
        } else {
            res.send("ok");
        }
    });
});

app.get('/download/:productId/:fileName', (request, res) => {
    const {
```

```
      productId,
      type,
      fileName
   } = request.params;
   const filepath = `${__dirname}/uploads/${productId}/${fileName}`;
   res.header('Content-Type', `image/${fileName.substring(fileName.lastIndexOf("."))}`);
   if (!fs.existsSync(filepath)) res.send(404, {
      error: 'Can not found file.'
   });
   else fs.createReadStream(filepath).pipe(res);
});

app.post('/apirole/:alias', async (request, res) => {
   if (!request.session.email) {
      return res.status(401).send({
         error: 'You need to login.'
      });
   }

   try {
      res.send(await req.db(request.params.alias));
   } catch (err) {
      res.status(500).send({
         error: err
      });
   }
});

app.post('/api/:alias', async (request, res) => {
   try {
      res.send(await req.db(request.params.alias, request.body.param, request.body.where));
   } catch (err) {
      res.status(500).send({
         error: err
      });
   }
});

const req = {
   async db(alias, param = [], where = '') {
      return new Promise((resolve, reject) => dbPool.query(sql[alias].query + where, param,
(error, rows) => {
         if (error) {
            if (error.code != 'ER_DUP_ENTRY')
            console.log(error);
```

```
          resolve({
            error
          });
        } else resolve(rows);
      }));
    }
};
```

» 14.4.2 sql.js

sql.js 파일은 데이터베이스 처리를 위한 SQL문이 작성되어 있는 파일입니다.

» 파일경로 mini-project-shop/blob/master/server/sql.js

```
module.exports = {
  productList: {
    query: 'select t1.*, t2.path, t3.category1, t3.category2, t3.category3
    from t_product t1, t_image t2, t_category t3
    where t1.id = t2.product_id and t2.type = 1 and t1.category_id = t3.id'
  },
  productList2: {
    query: 'select t3.*, t4.path from (select t1.*, t2.category1, t2.category2,
t2.category3
    from t_product t1, t_category t2
    where t1.category_id = t2.id) t3
    left join (select * from t_image where type=1) t4
    on t3.id = t4.product_id'
  },
  productDetail: {
    query: 'select t1.*, t2.path, t3.category1, t3.category2, t3.category3
    from t_product t1, t_image t2, t_category t3
    where t1.id = ? and t1.id = t2.product_id and t2.type = 3 and
t1.category_id = t3.id'
  },
  productMainImages: {
    query: 'select * from t_image where product_id = ? and type = 2'
  },
  productInsert: {
    query: 'insert into t_product set ?'
  },
  productImageInsert: {
    query: 'insert into t_image set ?'
```

```
  },
  imageList: {
    query: 'select * from t_image where product_id=?'
  },
  imageDelete: {
    query: 'delete from t_image where id=?'
  },
  productDelete: {
    query: 'delete from t_product where id=?'
  },
  categoryList: {
    query: 'select * from t_category'
  },
  sellerList: {
    query: 'select * from t_seller'
  },
  signUp: {
    query: 'insert into t_user set ? on duplicate key update ?'
  }
}
```

14.5 데이터베이스 구성

다음 sql 코드는 제품 판매 웹앱에서 사용하고 있는 테이블을 생성하는 sql 코드입니다. sql 코드를 복사해서 사용하고 있는 데이터베이스 관리 툴에서 실행하면 제품 판매 웹앱에서 사용하고 있는 데이터베이스 테이블이 자동으로 생성됩니다. (MariaDB 설치는 미니프로젝트: 제품 판매 웹앱 구현 01~16번 과정 중 06번 과정인 MariaDB 설치하기 영상을 참조하세요)

» 파일경로 mini-project-shop/blob/master/server/dev_class_2021-02-04.sql

```
# ************************************************************
# Sequel Pro SQL dump
# Version 4541
#
# http://www.sequelpro.com/
# https://github.com/sequelpro/sequelpro
#
```

```
# Host: 192.168.219.100 (MySQL 5.5.5-10.5.8-MariaDB-1:10.5.8+maria~focal)
# Database: dev_class
# Generation Time: 2021-02-04 00:39:04 +0000
# ************************************************************


/*!40101 SET @OLD_CHARACTER_SET_CLIENT=@@CHARACTER_SET_CLIENT */;
/*!40101 SET @OLD_CHARACTER_SET_RESULTS=@@CHARACTER_SET_RESULTS */;
/*!40101 SET @OLD_COLLATION_CONNECTION=@@COLLATION_CONNECTION */;
/*!40101 SET NAMES utf8 */;
/*!40014 SET @OLD_FOREIGN_KEY_CHECKS=@@FOREIGN_KEY_CHECKS, FOREIGN_KEY_CHECKS=0 */;
/*!40101 SET @OLD_SQL_MODE=@@SQL_MODE, SQL_MODE='NO_AUTO_VALUE_ON_ZERO' */;
/*!40111 SET @OLD_SQL_NOTES=@@SQL_NOTES, SQL_NOTES=0 */;


# Dump of table t_category
# ------------------------------------------------------------

DROP TABLE IF EXISTS 't_category';

CREATE TABLE 't_category' (
 'id' int(11) unsigned NOT NULL AUTO_INCREMENT,
 'category1' varchar(100) NOT NULL DEFAULT '',
 'category2' varchar(100) NOT NULL DEFAULT '',
 'category3' varchar(100) DEFAULT '',
 PRIMARY KEY ('id')
) ENGINE=InnoDB DEFAULT CHARSET=utf8;

# Dump of table t_image
# ------------------------------------------------------------

DROP TABLE IF EXISTS 't_image';

CREATE TABLE 't_image' (
 'id' int(11) unsigned NOT NULL AUTO_INCREMENT,
 'product_id' int(11) unsigned NOT NULL,
 'type' int(1) NOT NULL DEFAULT 1 COMMENT '1-섬네일, 2-제품이미지, 3-제품설명이미지',
 'path' varchar(150) NOT NULL DEFAULT '',
 PRIMARY KEY ('id'),
 KEY 'product_id' ('product_id'),
 CONSTRAINT 't_image_ibfk_1' FOREIGN KEY ('product_id') REFERENCES 't_product' ('id')
) ENGINE=InnoDB DEFAULT CHARSET=utf8;


# Dump of table t_product
```

```
# ------------------------------------------------------------

DROP TABLE IF EXISTS 't_product';

CREATE TABLE 't_product' (
  'id' int(11) unsigned NOT NULL AUTO_INCREMENT,
  'product_name' varchar(200) NOT NULL DEFAULT '',
  'product_price' int(11) NOT NULL DEFAULT 0,
  'delivery_price' int(11) NOT NULL DEFAULT 0,
  'add_delivery_price' int(11) NOT NULL DEFAULT 0,
  'tags' varchar(100) DEFAULT NULL,
  'outbound_days' int(2) NOT NULL DEFAULT 5,
  'seller_id' int(11) unsigned NOT NULL,
  'category_id' int(11) unsigned NOT NULL,
  'active_yn' enum('Y','N') NOT NULL DEFAULT 'Y',
  'created_date' datetime NOT NULL DEFAULT current_timestamp(),
  PRIMARY KEY ('id'),
  KEY 'seller_id' ('seller_id'),
  KEY 'category_id' ('category_id'),
  CONSTRAINT 't_product_ibfk_1' FOREIGN KEY ('seller_id') REFERENCES 't_seller' ('id'),
  CONSTRAINT 't_product_ibfk_2' FOREIGN KEY ('category_id') REFERENCES 't_category' ('id')
) ENGINE=InnoDB DEFAULT CHARSET=utf8;


# Dump of table t_seller
# ------------------------------------------------------------

DROP TABLE IF EXISTS 't_seller';

CREATE TABLE 't_seller' (
  'id' int(11) unsigned NOT NULL AUTO_INCREMENT,
  'name' varchar(100) NOT NULL DEFAULT '',
  'email' varchar(100) NOT NULL DEFAULT '',
  'phone' varchar(20) NOT NULL DEFAULT '',
  PRIMARY KEY ('id')
) ENGINE=InnoDB DEFAULT CHARSET=utf8;

# Dump of table t_user
# ------------------------------------------------------------

DROP TABLE IF EXISTS 't_user';

CREATE TABLE 't_user' (
  'email' varchar(50) NOT NULL DEFAULT '',
  'type' int(1) NOT NULL DEFAULT 1 COMMENT '1-buyer, 2-seller',
```

```
 'nickname' varchar(50) DEFAULT NULL,
 PRIMARY KEY ('email')
) ENGINE=InnoDB DEFAULT CHARSET=utf8;

/*!40111 SET SQL_NOTES=@OLD_SQL_NOTES */;
/*!40101 SET SQL_MODE=@OLD_SQL_MODE */;
/*!40014 SET FOREIGN_KEY_CHECKS=@OLD_FOREIGN_KEY_CHECKS */;
/*!40101 SET CHARACTER_SET_CLIENT=@OLD_CHARACTER_SET_CLIENT */;
/*!40101 SET CHARACTER_SET_RESULTS=@OLD_CHARACTER_SET_RESULTS */;
/*!40101 SET COLLATION_CONNECTION=@OLD_COLLATION_CONNECTION */;
```

Vue.js 프로젝트 투입 일주일 전

부록 ▼

찾아보기

▶ 찾아보기

Vue 프로젝트 투입 일주일 전

Vue.js 3.x 실무 개발을 위한 모든 것

출간일 2021년 5월 31일 | 1판 3쇄

지은이 고승원
펴낸이 김범준
기획/책임편집 심지혜
교정교열 윤구영
편집디자인 비제이퍼블릭
표지디자인 이창욱

발행처 비제이퍼블릭
출판신고 2009년 05월 01일 제300-2009-38호
주 소 서울시 중구 청계천로 100 시그니쳐타워 서관 9층
주문/문의 02-739-0739 **팩스** 02-6442-0739
홈페이지 https://bjpublic.co.kr **이메일** bjpublic@bjpublic.co.kr

가 격 24,500원
ISBN 979-11-6592-076-0

한국어판 © 2021 비제이퍼블릭
이 책은 저작권법에 따라 보호받는 저작물이므로 무단 전재와 무단 복제를 금지하며, 내용의 전부 또는 일부를 이용하려면 반드시 저작권자와 비제이퍼블릭의 서면 동의를 받아야 합니다.

잘못된 책은 구입하신 서점에서 교환해드립니다.